培养孩子
高情商

乔麦信◎编著

民主与建设出版社
·北京·

© 民主与建设出版社，2022

图书在版编目（CIP）数据

培养孩子高情商 / 乔麦信编著 . — 北京：民主与建设出版社，2022.11
　ISBN 978-7-5139-4023-8

　Ⅰ.①培… Ⅱ.①乔… Ⅲ.①情商–少儿读物 Ⅳ.
①B842.6-49

中国版本图书馆 CIP 数据核字（2022）第 212765 号

培养孩子高情商
PEIYANG HAIZI GAOQINGSHANG

编　　著	乔麦信
责任编辑	刘树民
封面设计	乔景香
出版发行	民主与建设出版社有限责任公司
电　　话	（010）59417747　59419778
社　　址	北京市海淀区西三环中路 10 号望海楼 E 座 7 层
邮　　编	100142
印　　刷	三河市京兰印务有限公司
版　　次	2022 年 11 月第 1 版
印　　次	2022 年 11 月第 1 次印刷
开　　本	700 毫米 ×1000 毫米　1/16
印　　张	12
字　　数	156 千字
书　　号	ISBN 978-7-5139-4023-8
定　　价	59.80 元

注：如有印、装质量问题，请与出版社联系。

什么是情商？

情商，英文为 Emotional Quotient，简称 EQ，翻译为情绪智商、情绪商数、情绪智力、情感商数。

"情商之父"美国哈佛心理学博士丹尼尔·戈尔曼及其他几个研究者认为，情商和智商一样重要。但与智商不同的是，情商可以经由人引导而提高。

戈尔曼认为情商是人类最重要的生存能力。一个人的成就，最多有20%的因素受智商的影响，另外的80%则受其他因素的影响。而这其中，情商的影响占了很大一部分。

情商没有特别确切的定义，但我们可以从它的名字"情绪商数""情感商数"来理解，可以看出，它是与情绪、情感有关的商数。

那么，这些与情绪、情感有关的商数又是什么呢？其实，它指的是自我认知、自我激励、自我情绪管理、与他人共情，以及处理社交关系的能力。

我们可以有意识地培养和提高孩子的自我认知和表达能力，以进一步提高孩子的情绪管理、共情能力等。

在如今的信息时代，情商越来越多地被应用于企业管理学中，在组织管理层显得尤为重要。

现实生活中，无论是在家庭和学校中，还是在工作和社交中，高情商的人总能有更好的人际关系与合作关系。

对于学生来说，高情商也是提高学习能力的关键所在。主动学习的能力、良好的认知能力、自我表达的能力、较强的抗压能力等，都是高情商所能带来的效果。

在面对压力时，高情商的孩子能做到自我调节，并能够不断地自我激励；他们更善于处理人际关系，调节自己的情绪；也更善于解决问题，积极地应对各种困难；也比别人更容易走出困境，不容易陷入各种负面情绪里。

所以说，情商对孩子们的人生，有着尤为重要的影响。不仅影响着孩子们现在的身心成长与健康，还影响着孩子们未来的就业及发展，甚至在关键节点可以改写孩子们的人生。

那么，作为父母的我们，能为孩子做些什么呢？在情商教育中又充当着怎样的角色呢？本书将会一一列举并说明。

目录

Part 1　认识情商　001

如何理解情商？　002

情商的运用　009

孩子心理发展的五个阶段　015

积极思考的力量　020

赋予孩子积极思考的四种力量　029

Part 2　对生活充满热爱的孩子更自信　035

尊重自己，尊重他人　036

让孩子学会接纳和取悦自己　044

树立正确的人生观和价值观　052

让孩子学会为他人鼓掌　058

让孩子学习独立生存的技能　061

Part 3　高情商是慢慢培养出来的　065

培养孩子的共情能力　066

培养孩子的自我驱动能力　074

目 录

提高孩子的人际交往能力　082

培养孩子的情绪认知与管理能力　088

培养孩子的抗压能力与处理压力的能力　100

处理压力，父母需要让孩子知道的几件事　106

Part 4　家庭是孩子的第一所学校　111

倾听与认可　112

保护孩子的兴趣爱好　119

家庭氛围很重要　127

如何正面管教孩子？　138

如何引导孩子解决问题？　144

Part 5　把握爱的尺度　157

爱与尊重　158

如何跟孩子做朋友？　164

好孩子是管出来的，熊孩子是惯出来的　168

孩子一生最重要的课——学会保护自己　171

人间值得：父母是世上最难的职业　179

Part 1
认识情商

如何理解情商？

如何快速理解情商的概念并判断孩子的情商水平呢？

我们可以把情商想象成一个孩子在学校的总成绩。一个人的情商，可以用以下五个指标来衡量，它们分别是：

1. 自我意识的觉醒程度
2. 情绪的控制能力
3. 自我的激励能力和组织能力
4. 与他人共情的能力
5. 人际关系的处理能力

这五项指标的高低可以反映出一个孩子情商的高低。接下来我们将通过一些案例和小测验，对这五项指标分别进行拆解和分析。我们也可以对照自己孩子的实际情况，对孩子的情商进行一个简单评估，对孩子的情商情况有一个大概的了解，以方便对孩子的各个指标进行针对性的培养。

1. 自我意识的觉醒程度

我们在跟家长进行沟通的时候，时常会听到的一句话就是："我这个孩子呀，总是不开窍。"

"开窍"这个词语，很大程度上意味着一个孩子的自我意识已真正形成。

自我意识指的是个体对于自身状况的认知，其中包括对自身的生理、心理，以及与外部环境的关系的良好的、可调节的意识。

良好的自我意识对孩子的成长至关重要，它会影响孩子未来人格的形成、价值观的形成及自我调节能力。那么，如何能够快速了解孩子的自我意识正处在一个什么样的阶段呢？

我们可以用一个有意思的小实验，来了解自己孩子的自我意识的觉醒程度。

我们可以先准备一些小卡片，在上面写上20个左右的词语，这些词语大都是用来描述一个人的性格或心理状态的。比如，自律、自信、自强、自立、冷静、客观、热情、开朗、开放、包容、谨慎、依赖、胆小、自私、冲动、保守、普通、害羞、幽默、内向……

当然，你也可以自己加入一些能够较为准确地形容自己孩子的词语，然后把所有的词语卡片混合在一起，摆放在孩子的面前，让他选择10张和他匹配的词语卡片。

最后，我们把孩子选择好的词语卡片汇总，根据自己对孩子的了解，看一下他选中的词语卡片是否和他本身的性格或心理状态契合，契合度处在什么状态。

如果想让实验变得更精准，我们可以多找几个比较了解孩子的人，比如其他家庭成员或者孩子的老师和同学一起来看。

这样一来，我们便能够大概地判断出孩子对自己的认识程度是否精准，有没有出现某种认知偏差。

2. 情绪的控制能力

相对自我意识而言，情绪的控制能力则非常容易理解。很多时候，这项能力甚至会成为这个社会对一个成年人情商的判断标准。

当然，情绪的控制力对于各个年龄段的孩子有着不同的评判标准，不能一概而论。我们只要了解自己的孩子在日常的生活和学习中，有没有控制情绪的动作就可以了。

举个例子：

> 6岁大的小男孩被放在恐龙模型旁边合影拍照，因为这是能动、能叫、非常逼真的恐龙模型，所以小男孩非常害怕。但面对父母的相机镜头，他一边努力压抑害怕的情绪，一边勉强挤出笑脸，显得非常滑稽搞笑。

我们能够看出，面对恐惧，这个小男孩实际上是在努力控制自己的情绪。无论他最后能否坚持不哭，他起码是有意识地在控制情绪。

还有一个例子也非常典型：

> 一个妈妈跟女儿开玩笑，说她吃光了女儿所有的糖果和点心。女儿先是一愣，难以置信地说"不可能"。当妈妈真的拿出空空如也的糖果盒子的时候，女儿沉默了两秒，然后突然哭了起来。

尽管这是一个情绪控制失败的案例，但我们从女儿一开始的难以置信和后面沉默的两秒中，还是能够明显感觉到孩子有一个控制情绪的动作，这也说明孩子已经有了初步的情绪控制能力。

很多人认为，情绪的控制能力随着年龄和阅历的增长，有一个逐渐上升的过程，所谓成年人的情绪都是深藏不露的。

这种观念是一种常见的误解。那些看似情绪管理得非常到位的成年人，他们的冷静也无非是这两种原因所导致的：一种是习惯性的压抑和隐忍，另一种则是他们曾经遭受过情绪失控带来的重大打击，这是他们自我坍塌的后果。

3. 自我的激励能力和组织能力

孩子在成长的过程中，不可避免地会遇到一些打击和挫折。孩子面对困难如何进行自我激励，勇敢地去迎接挑战？孩子面对失败如何进行自我组织，让自己快速走出失败的阴影？这些都在考验着孩子的自我激励能力、自我组织能力和自我修复能力。

善于自我激励的孩子，柔韧性更强，面对挫折和失败他们能更好地调整心态，以一种更为积极正面的态度面对生活中的困难，心灵的抗打击能力也会比一般人强得多。

我们时常用"坚韧不拔"来形容一种性格品质，在这个层面上，我们可以把一个孩子的自我组织能力想象成一种材质。自我组织能力强的孩子，他的心灵材质更加坚韧，在面对生活、学习，以及成长中的打击和挫折时，心灵耐受程度更高、更强且具有一定的弹性。更可贵的是，他还具备一定的重新组织和自我修复的能力，即便遇到了巨大的打击，也能够很快恢复到健康和积极的状态。

4. 与他人共情的能力

共情，也叫作同感或同理心，指的是一个人对别人的情绪和处境感同身受的一种能力。

通常来讲，人类的一些共同情绪是非常容易共情的。比如我们看到路边的乞丐会感到同情，看到别人面临危险会感到紧张，不过这些都是基础的情绪共通点。

在现实生活中，能够细致入微地感受到别人的情绪变化和强弱程度，是共情能力的一个基本的衡量指标。

共情能力和情绪控制能力的强弱，也是衡量一个人情商高低的非常重要的指标。

我举个例子：

> 我们在生活中时常会看到这样的场景：一个同事家里出了点儿意外，心情非常低落。而另一个同事丝毫感觉不到对方的悲伤，自顾自地在低落的同事面前大谈奇闻趣事，还非常开心地手舞足蹈，哈哈大笑。

我们时常会在生活中遇到这样的人，他们对别人的情绪很不敏感，甚至毫不在意，只关注自己的感受，被周围的人讨厌也不自知，这就是缺乏共情能力的典型表现。

此外，我们都非常熟悉的高铁"霸座男"也是共情能力低下的典型代表。

这位男士在高铁上占用了别人的位置，面对群众的指责却丝毫不以为意，反而得意扬扬。在很多人看来，这是他的个人素质问题，但在心理专家的眼里，这就是共情能力太差。

由于共情能力太差，他完全感受不到别人的座位被占之后的那种失落和无奈，更感受不到周围群众的愤慨和鄙夷。

如何测试孩子的共情能力是否正常？我们同样也在这里提供了一个小测验。

> 我们可以在网络上找到一些能够表现人物情绪的表情照片，比如表达难过、悲伤、害羞、尴尬、爱意、生气、愤怒等情绪的照片，然后把它们打印出来，给孩子一一辨认，看孩子是否能够快速识别这些情绪。

如果孩子已经是初中生或高中生，那么，我们在寻找照片的时候，可以刻意地在里面加入较难辨认的微表情的照片来增加测验的难度。

通过这个实验，我们可以粗略地判断孩子对别人的情绪是否能够达到共情。

5. 人际关系的处理能力

人类是社会性群居动物，尤其是在现代社会，我们需要大规模的共同协作才能共同创造出社会价值。在人口密集的城市里，我们不可避免地要和其他人进行交往和合作，因此，人际关系的处理能力就显得格外重要，甚至会成为评判一个人情商高低的重要砝码。

人际关系无处不在，针对与家人、亲戚、朋友、同学、同事、合作者、领导等各种各样的人际关系，我们需要不同的处理方式和方法。人际关系的处理有时候对成年人而言都是一个挑战，对孩子而言也是不可避免的。

孩子的人际关系环境相对而言较为单纯，他们所接触到的无非就是学校的同学、朋友、老师，家里的长辈、兄弟姐妹，以及兴趣班、社交场合遇见的一些人。但对孩子而言，这些人际关系环境同样也是一个社会的缩影，在这些人际关系里，有长辈权威，也有社交伙伴，更有对他们而言非常重要的朋友、老师。这些人际关系处理起来，并不比处理成年人的人际关系容易。

人际关系处理能力强的孩子，能轻松地在各种人际关系里游走，如鱼得水，应对自如。他们的朋友关系融洽、师生关系和谐、家庭关系亲密，这些良性的关系都会在无形中滋养他的生命力，让他更自信，更积极上进，也更能施展自己的特长和抱负。一切都会进入一个良性的循环状态，能让他更爱这个世界。

人际关系处理不好的孩子，会频繁和周围的人产生摩擦、误会、冲撞，也有可能会被误解、被排挤。在恶劣的人际关系中，他无法享受别人带给自己的正向能量，也无法从别人身上获得认可，时间久了就会变得封闭、自卑，甚至厌恶这个世界。

为了便于理解，本章把情商拆解为五项指标，并逐一进行分析和解读。

简单来讲，我们想培养和提高孩子的情商，要先明白影响情商整体水平的五个环节。

自我意识：这是孩子认识自我、理解世界的基础认知能力，也是我们要培养的孩子能量小宇宙的来源。

情绪控制：这是孩子与世界和谐相处的能力，也是我们帮助他们学会自我管理要跨过的第一道门槛。

自我激励和自我组织能力：这是孩子应对世界外部冲击的护城河，也是我们需要给孩子提前穿好的铠甲。

与他人共情的能力：这是孩子能善待别人，以及被世界温柔以待的前提，也是我们需要提前为他们准备的垫脚石。

人际关系的处理能力：这是孩子未来享受美好人生的通行证，同时也是我们需要教会孩子的重要课题。

情商的运用

我们之所以说，情商是可以通过后天的培养和练习逐步提高的，是因为情商理论是人们基于社会环境推导出的一套有效的方法论。它可以通过科学的思维拆解，把一个看似复杂的难以处理的问题逐步进行拆分溯源，找到根本的诉求点，从而抽丝剥茧地解决问题。

在7—12岁的孩童阶段，孩子已经具备了一定的理解能力和世界观，并且可塑性很强。在这个阶段，我们有意识地对孩子进行情商培养，再加以运用联系，能够扩展孩子解决问题的能力的边界，并能够让他在实际运用的过程中享受自己解决问题时或解决完问题后所获得的快乐，并形成记忆，为他们未来成为一个卓越的高情商人才夯实基础。

通常来讲，想要提高孩子的情商，比较有效的手段，是从提高孩子解决问题的能力入手。家长需要协助孩子解决一些在实际生活中遇到的困难，获得孩子的信赖，再逐渐把解决问题的能力转移给孩子。

当然，我们帮孩子解决问题，不能利用成年人那种简单粗暴的方式，比如出钱、利用职权等。我们要根据孩子遇到的问题，灵活运用以下几个方法，引导和帮助孩子解决难题。几次之后，潜移默化之中，他们就学会了这套方法，并尝试着自己解决问题。

1. 分析问题。

2. 分析结果对自己是否有益？

3. 我是否恰如其分地表达了自己的情绪？

4. 我如何能在下一次做得更好？

我举一个例子：

某天下午，我女儿琪琪的班主任给我打电话，说琪琪在学校设计了一套赌博抽奖活动，她也因此赔了很多钱。其他班级的"债主"竟然跑到班里堵门"要债"了，严重影响了班级的教学秩序。

了解到整个事件的经过之后，我有些哭笑不得。女儿琪琪在学校搞了一个小纸箱，在里面放了一些写着"一等奖""二等奖""三等奖"的纸团，然后让同学用2元的价格从自己手里买奖票，使用一张奖票可以在小纸箱里摸一次纸团，看看能抽中什么奖。她本想借此大赚一笔，没想到却赔了个底儿朝天。

当班主任对琪琪进行批评教育的时候，她竟然还顶撞老师，振振有词地说自己没有违反学校纪律，不接受老师的批评。

在去学校接琪琪的路上，我一边开车一边想着如何利用这件事情对她进行一次情商方面的训练。

回家之后，我发现琪琪也知道自己闯了祸，她看起来很紧张。这时候我需要先缓解一下她的紧张情绪，便开玩笑地对她说："琪琪，没想到你还挺有商业头脑的，比我这个只会码字的爸爸强多了。"

她看我没有批评她的意思，便有点儿不好意思地笑了。

我拿出小黑板，告诉她："爸爸先跟你讲一下，抽奖这种暴利活动是怎么被你做亏的。"

她一下子来了兴趣，说："对啊，为什么别人举办那些抽奖活动都能挣钱，我就亏了那么多呢？"

我跟她讲了抽奖获利的金字塔原理和概率的算法，她才恍然大悟:"原来是因为我的一等奖、二等奖、三等奖的数量设置是平均的呀?按照金字塔原理,应该是三等奖最多,二等奖其次,一等奖极少才行。"

"对啊。"我趁机引导她,"你一共就放了三个纸团,被抽中一等奖的概率是33%,每三个同学就会有一个抽走你的一等奖,而你的一等奖是10元,这么一算你就已经亏了。一等奖被抽走之后,为了让更多的人继续参与进来,你还要被迫再放进去一个一等奖。这样下去,你就只有亏了。"

听我讲完了这些,她有点儿沮丧:"看来我一点儿生意头脑也没有。"

以上是第一步:对整个事件进行分析,让孩子能够重新梳理整个事件的经过。

接下来,我顺势鼓励她说:"你能在小学四年级的时候,就想到举办抽奖活动并把它付诸实践,其实已经证明你是有商业头脑的。

"你的班主任批评你是因为你没有在正确的时间里,做正确的事情。

"抽奖需要用到数学、概率学、心理学,而这些知识你暂时还不具备。而且,学校也明文规定不允许开展这种赌博式的活动。所以,你如果对这些东西感兴趣,是不是应该把更多的精力放在学习上,用知识武装自己,等到时机成熟,你的知识储备足够的时候,再来做这件事呢?"

她不好意思地点点头:"嗯,确实是我错了。"

以上是第二步:分析事件对自己是否有益。

"很好。"我说,"那你在和老师进行对话的时候,是不是反应太过激烈了?老师批评你的时候,你是不是冲老师大吼大叫了?"

琪琪"哼"了一声,还有些不服气:"我当时觉得自己没犯错误,所以就有些激动。"

"你看,冲动的情绪没有让你和老师的沟通变得更好,对吧?所以你要记住,当自己犯错之后,冲动的情绪会让你继续犯错,明白了吗?"

琪琪想了想,说:"可能是吧,要是我好好跟老师解释,说不定她就不会叫你去学校了。"

以上是第三步:分析自己是否正确地表达了情绪。

我继续引导她说:"很好,意识到自己的错误只是第一步,你还有一件重要的事情需要去做。"

她有些惊讶:"啊?还要干什么?"

我告诉她:"我们的每一次犯错都是有成本的,你需要为自己犯下的错误承担后果,你觉得爸爸说得合理吗?"

琪琪似乎意识到了什么,有点儿不高兴地说:"你不会是想让我写检查书或者道歉信吧?赵老师之后都没说什么。"

我说:"没错,老师没有要求你写检查书和道歉信。但你这一次确实亏得很惨,我给你一个建议,让你能赚回来。"

琪琪瞪大了眼睛,问:"什么建议?"

我说:"第一,我借钱给你,你去把欠同学们的钱都还了。这样,你在同学们面前就树立了一个有信用、输得起的好形象,下次你遇到困难,别人也愿意帮你。"

"第二,你去跟赵老师道个歉,毕竟这件事因你而起,教学秩序受到了影响，她也因此被校长批评了。道歉能让赵老师觉得你是一个知错能改的好学生。

"第三，你去把我刚才讲的抽奖概率做个笔记，保存下来，说不定在未来的某一天，你还能用上。

"通过这三件小事，你可以从这个错误里，获得三个好处，所以有什么理由不去做呢？"

琪琪想了想，突然笑了起来说："好吧，我知道了。"说完，她转身要回自己的房间。

我在她关上房门的那一瞬间，喊了一句："你欠我的钱要从零花钱里扣回来哦。"

以上是第四步：如何能在下一次做得更好？

以上四个步骤，能够帮助孩子解决很多学习或生活中的小问题。清晰的思维逻辑能够让孩子很快学会怎样解决问题，并能举一反三、触类旁通地解决其他类似问题，从而拓展孩子解决问题的能力的边界，给予孩子最大限度的自信心。

本章加餐：

每个家长都应该知道这个心理学概念——"抱持"。

"抱持"是精神学家温尼科特提出的一个被现代心理学家反复使用的词语。

温尼科特一生中观察了超过 6 万对母亲和孩子，提出了很多经典的术语，在业界具有非凡的影响力，同时也是精神分析学界最有影响力的人物之一。

"抱持"指的是好的父母应该给予孩子"不含诱惑的深情"这样的抱持性环境，在孩子表现好的时候，给予认可；在孩子受到挫折的时候，提供支持。

也就是说，家长对孩子的爱，应该变得更为单纯、不含诱惑、不含期待，家长应该真诚地接纳孩子。

当孩子受挫时，我们理解并支持他们；当孩子取得成就时，我们开心且为他们感到骄傲；当孩子失败时，我们接纳他们并一如既往地爱他们。我们对他们的爱，应该不含诱惑、不含期待，不论他们好与不好，我们都一如既往地爱他们。

温尼科特认为：

一个人如果在孩童时期，能够在"抱持"性的家庭环境里成长，就相当于有了一个非常安全的成长容器。并且如果父母允许孩子在家庭这个容器里肆意流动，那孩子的自我灵活度、自我力量和自我组织力会得到极大的滋养。

孩子在长大后，患上心理疾病的概率会降低，人格的稳定性会更强，孩子也会更加自信和勇敢。

孩子心理发展的五个阶段

在培养孩子高情商的同时，我们也需要具备心理学和儿童心理学的基础认知，这样有助于我们正确了解各个年龄段的孩子的心理和生理所处的位置。心理学分支庞杂，派系众多，本章主要对弗洛伊德的人格发展的五个阶段进行通俗解析，旨在帮助父母对处于各个阶段的孩子的心理发展状态有一个大体的认识，让我们能够更精准、更有针对性地培养和提高孩子的情商。

即便是没有学过心理学的人，大概也听说过弗洛伊德这位心理学的"祖师爷"。他提出的人格发展理论广为人知。

弗洛伊德认为：

> 一个人从婴幼儿开始到青春期后成年，基于快感中心的变化，一共可分为五个阶段，它们分别为：口欲期、肛欲期、性蕾期（也叫俄狄浦斯期）、潜伏期、生殖期。

需要提醒大家的是，弗洛伊德的理论被称为泛性论。他的很多观点极具颠覆性，如果在阅读本章时感到有不快或有不舒服的地方，可以快速跳过。

1. 口欲期（Oral stage）

0—1岁，此时的婴幼儿获得快感的中心部位是口腔。

我们通过视频或者旅游的时候，可以看到欧洲很多国家的婴儿，口中大都含着一个橡胶奶嘴，而一些对此有意识的中国父母，也不再限制婴儿吮吸奶嘴和手指了。这就是弗洛伊德的概念被广泛接受的证明。

在此阶段，婴幼儿通过吮吸母乳来得到满足感和快感，因此对很多事物的探索也喜欢通过嘴巴来进行，喜欢拿到什么都往嘴里塞。

在此期间，我们如果强行剥夺宝宝来自口腔的快感，或者限制他们的口腔活动，就很容易给他们留下糟糕的心理影响。

有些人长大后成为特别贪吃的吃货，或者对吸烟、酗酒、咬指甲等行为非常上瘾，大都会被认为，他在口欲期没有得到足够的满足，有些行为停滞在了口欲期。

2. 肛欲期（Anal stage）

1—3岁，此时的婴幼儿获得快感的中心部位是肛门。

在1—3岁的阶段，排泄是婴幼儿获得快感的主要途径，婴幼儿通过排泄活动可以得到极大的快乐和释放的满足感。并且，排泄物也是婴幼儿创造的第一件"作品"，是他这个阶段能够自主掌握的行为。

通过排泄大小便，宝宝们迈出了重要的一步，从心理上知道自己能创作、能控制、能放弃，并由此获得了独立和自信的萌芽。

如果在此阶段，父母对孩子排泄的时间和卫生要求过于苛刻，也会导致孩子成年后出现一系列心理问题。

最主要的表现在于，这会影响一个人的金钱观和价值观。

如果父母的干预，让孩子觉得自己的粪便非常肮脏，并且孩子经常因此受到责骂，那么他很有可能会在长大后，对自己的工作、创造的价值产生怀疑，甚至轻视自己的工作，从而影响他赚钱的能力。

因此，宝宝的心理如果在肛欲期阶段发生停滞，会造成两种极端的性格，他们要不就是朝着过分慷慨、放纵、生活秩序混乱、不拘小节的方向发展，要不就是成为循规蹈矩、谨小慎微、过分吝啬的人。

《守财奴》中的主角葛朗台可能就具有典型的肛欲期停滞人格。

3. 性蕾期（Phallic stage）

3—6岁，这个时期也被心理学家称为俄狄浦斯期，这种称呼源于希腊神话中俄狄浦斯的故事。

3—6岁的儿童开始把快感中心从口腔、肛门转移到生殖器，开始对自己的性器官产生浓厚的兴趣。我们发现，有些孩子会在玩耍的时候把手放在生殖器上进行触摸。

在心理上，此时的孩子可能会与同性的父母产生竞争心和妒忌心。比如：女孩子可能会和妈妈争宠，好让爸爸对自己更好一些；见到父母有过分亲昵的动作，女孩子会产生愤怒和嫉妒的言语和行为。

> 我有一个朋友，他的女儿到了这个阶段，特别爱和妈妈比美，总是偷偷穿上妈妈的高跟鞋，涂妈妈的口红，还喜欢在人多的时候大声宣布，以后长大了要嫁给爸爸。

这在我们看来是童言无忌，在弗洛伊德眼中，这个小女孩在认真地表达她要夺走妈妈的男人。

小男孩在这方面表现得稍微克制一些。大多数的时候，他们会通过和爸爸掰手腕来比拼力量，试图用打闹游戏的方式"击败"自己假想中的竞争对手——父亲。

在这个阶段，父母不用过分紧张和惊慌，只需要通过一些行为，让孩子明白家庭的秩序地位和现实就行了。

爸爸不要给女儿"我爱你胜过爱你的妈妈"的感觉。

同性父母面对孩子的挑战，有时候只需要让他们赢，有时候要让他们明白"我比你强大得多，战胜我几乎是不可能的"就可以了。

4. 潜伏期（Latent stage）

6—12岁，孩子的心理进入潜伏期，更重视与同性的交往。

这个时期的孩子应该处于小学阶段。父母们可以明显地感觉到，孩子对于和快感相关的兴趣几乎都消失了，他们把自己的精力和能量都用在了别的事情上，比如功课、同学之间的友谊等。同时，他们此时对同性的同伴更有好感，所有的性别特征似乎都消失了，因此这个阶段被称为潜伏期。

这个阶段最重要的任务就是：发展与同性合作的能力。

在我们那个年代，如果男孩子和女孩子是同桌，桌子上一定会有一条泾渭分明的"三八线"，如果越过了这条线，一定会被同桌毫不客气地教训。这就是典型的潜伏期的心理表现。女孩子和女孩子一起玩，男孩子和男孩子一起玩，谁如果在这个时期整天和异性待在一起，就会受到同学、朋友的无情嘲笑。

> 有些女孩子在学校被女同学孤立，甚至到了被欺凌的程度。通过调查，我们发现这些女孩子在潜伏期没有注意到"不要靠近异性"的隐形规则，依然和男孩子在一起玩，因此被其他的女孩子联合孤立。
>
> 男孩子也是如此，如果在这个潜伏期还一直和女孩子玩，就会被其他的男孩子笑话，还会被起一些诸如"娘炮"之类的侮辱性外号。

从以上的例子来看，潜伏期可以被视作一个储备期，孩子要先在同性中学会和同性合作，了解同性和自己，以便能够顺利过渡到下一个阶段——可能会与同性竞争的青春期。

5. 生殖期（Genital stage）

12—20岁，孩子处于我们非常熟悉的青春期。此时的青少年心理和生理都日益成熟，最终做好了生殖的准备。

在这个阶段，荷尔蒙的疯狂分泌让青少年的第二性征展露无遗。男孩子会长出喉结、胡子等，女孩子的第二性征更为明显，还会迎来经期。这些特征都在时时刻刻提醒他们，自己的性别是什么。

更重要的是，在体形和身高上，青少年也逐渐接近成人，这就意味着他们终于有了可以抗衡同性父母的生理条件。

在这个叛逆的青春期，孩子会急于在心理上脱离原生家庭，不再把父母的认同视为最重要的评价，而是非常重视自己的社交圈对自己的评价。

为了能够摆脱原生家庭中父母的影子，他们甚至会不假思索地否定父母。因此，这个阶段我们若处理不当，可能会引起很多家庭矛盾，甚至会让孩子进入所谓的"残酷青春"。

我们如何能让孩子比较好地度过青春期呢？还记得在上一章结尾时，温尼科特说的话吗？

让孩子在一个抱持的环境下长大，这样既能让孩子展示自己的力量，也能让孩子懂得尊重别人；既能适应激烈的竞争环境，同时也懂得怎样与别人合作。

其实，原生家庭就是孩子最初的人性练习场，如果父母这对教练能够在最初给孩子一个安全的、值得信赖的练习场和一套好的练习方法，那么，到了青春期这个最接近社会的实习期的时候，孩子已经自然而然地被淬炼成一个有基本竞争能力、有高情商、值得异性青睐和尊重的人了。

积极思考的力量

积极思考通常是指一个人相信外部环境和条件是可以随着自己的行为而改变的，因而在生活中遇到困难时会积极地进行思考。

在竞争激烈的现代社会，成年人会感到各种各样的压力。在面对压力和挑战时，如果消极面对，逃避现实，大概率只会让事情朝着更加糟糕的方向发展，但我们如果能够勇敢面对、积极思考并尝试解决问题，事情往往会出现新的转机，朝着良性的趋势发展。

孩子们也是如此，在成长的过程中，他们会遭遇各种各样的困难和挫折，包括言语伤害、人身攻击、自尊心的打击，甚至身体伤害。

自我灵活度高的孩子，会在遭遇打击的时候，很快地调整自己；在遇到问题的时候，能够采取更为积极的思考方式，从而扭转局面，把整件事情推向更好的方向。

可以说，学会积极思考，能大幅度提高孩子的情商水平。如果我们能让孩子形成记忆，把积极思考塑造成为孩子的一项行为习惯，那这将是父母带给孩子一生的最宝贵的财富。

怡婷在小学三年级的时候，因为有跑步的特长而被选入学校的田径队，开始随队进行训练。

因为怡婷的学习成绩并不优异，一直处于中等偏下的水平，加上田径队每天下午要占用1—2个小时进行训练，导致她晚上做家庭作业的时间非常紧迫。通常她训练完回到家，草草吃完饭就开始赶作业，每天差不多要到11点才能上床睡觉。

没过多久，她的学习成绩就受到了影响，老师跟家长反映了这个情况，并建议怡婷不要继续待在田径队里了。

学习的压力、老师的不支持，还有每天训练后肌肉酸痛的感觉，让怡婷有种喘不过气的挫败感，好在还有父母的支持。在父母的帮助下，她开始积极思考，试图找出解决问题的方法。

怡婷合理规划时间，把训练强度降低，缩短训练时间，把两个小时的训练时间减到一个小时，然后让父母帮她把英语单词和语文课的课文录制在MP3里。这样她在跑步训练的时候，便可以进行口语和听力的练习，还能顺便背诵当晚的语文课文。

不仅如此，她还把在路上的时间也利用了起来，用来进行课文预习。这样一来，晚间用来写家庭作业的时间就减少了一个小时，给自己留下了足够的睡眠时间。这样，她第二天就不会因为精神不振而影响学习质量了。

我们从这个案例里能够清楚地看到，压力和阻碍迫使怡婷学会了合理规划和运用时间，并且在面对自己能力范围外的事情时，她及时寻求家长的帮助，从而解决了体育锻炼和学习之间的冲突问题。

更难能可贵的是，她因为这个难题的解决而蜕变成为一个时间管理的高手，也培养了自己坚韧不拔、不轻易放弃的优良品质。这让原本学习成绩只是中等的怡婷，一跃成为班里的前10名。

后来，我听怡婷的家长说，那年她小升初的时候，想考本市的一所优秀中学，结果差了几分。但她在田径队训练出了良好的身体素质，在体考的时候，跳远和短跑的成绩优异，因此她被那所中学破格录取了。

积极思考的力量就在于此。它除了能够帮助孩子面对问题、扩展思路、解决问题，更重要的是，还会为孩子带来无与伦比的自信心，而这将在他们日后的成长过程中，不断滋养他们的生命力，成为他们一生中最为宝贵的财富。

我们如何让孩子拥有更为积极的思考能力呢？

1. 发现自身优点

每一个孩子，无论美丑、高矮、学习好坏，都是世界上独一无二的存在。

我们可以试着告诉孩子，父亲的精子需要打败 2000 万个左右的竞争对手，才能和母亲的卵子结合，获得来到世界的资格。也就是说，每个孩子天生就是一个胜利者。

我们可以先用这种方式给予孩子最基础的自信心，然后再帮孩子分析他们在性格、身体等各个方面有哪些优点，不断地给孩子强调他们最为明显的优势。

比如，有些孩子是小话痨，口齿特别伶俐。在别人的眼里，他可能是个油嘴滑舌的孩子，但作为父母，我们要告诉孩子，他有语言方面的天赋，如果他能进一步优化，改掉一些缺点，比如不分场合乱发言，这就是他非常突出的优点啦！

越早让孩子发现自己的优点，便能够越早培养他们对自我的理解能力和自我定位，也能够越早帮他们建立自信心。而这些都是他们在未来经历困难、挫折和打击的时候，最为坚固的铠甲。

2. 换位思考问题

孩子学会换位思考后，能够获得更强的共情感，能够细致入微地洞察别人的情绪和立场，这对孩子的人际关系处理能力、沟通能力、解决问题的能力都是一种促进和提高。

第一步：让孩子体会一下别人的感受。

比如，看到电视节目里有趴在路边的流浪汉时，我们可以试着问一下孩子："你觉得冬天趴在冰冷的地面上是什么样的感受？你觉得他会冷吗？会饿吗？我们如果遇到这样的人，能够为他做点儿什么？"

夏天的时候，遇到在烈日下执勤的交警或者打扫卫生的环卫工人，我们也可以让孩子设身处地地体会一下他们的感受，这样有助于孩子养成时刻体会别人感受，与他人共情的习惯。

第二步：让孩子站在对方的立场上思考问题。

孩子只有学会了站在别人的立场和角度考虑问题，才会理解别人的想法和行为，才会对别人的痛苦感同身受，才会做出善良的举动。大部分孩子喜欢起哄，喜欢一起欺凌弱小。这倒不是因为这些孩子的品质有多坏，而是他们没有一个正确的认知，认为只是好玩而已，没有真正地站在他人的角度思考问题。

父母如果教会孩子站在别人的立场考虑问题，就会使孩子的这种不良行为得到有效控制。比如：有些男孩子比较顽皮，喜欢给同学起带有侮辱性的外号，或者模仿身体略有缺陷和残疾的同学，认为这样很搞笑，想以此来引起大家对自己的关注。

这样的孩子，我们需要对他进行引导，让他试着理解一个身体有缺陷的同学要承受多少异样的眼光。如果这种情况发生在自己身上，他是否还觉得被人恶意模仿是件搞笑的事情呢？

3. 回忆巅峰体验

当孩子在某件事情上遭受挫折时，我们可以让孩子停下来，回忆一下他们曾经的成功体验，这样有助于孩子调整心态、恢复自信。

朋友家有个孩子，因为转校换了老师和环境，一时间难以适应，导致数学成绩下滑得非常厉害，孩子陷入了非常沮丧的负面情绪当中，甚至想要放弃学业。

接到朋友的求助之后，我跟孩子谈了一次，了解到他曾经在半年前的数学考试中得到过 98 分的好成绩。我让他仔细回忆了一下那一天的状态，从考试那天穿的什么衣服，吃的什么早饭，到领到成绩单的心情，每一个细枝末节都让他尽可能地描述出来。

我发现在描述以往的成功经验时，孩子脸上露出了既轻松又骄傲的表情。于是，我坚定地告诉他："你曾经取得的最高分，是在你的能力范围内做到的，我相信你可以再次做到。"

孩子听完之后，似乎恢复了信心，主动跟我讲："现在的老师说话语速较快，我有些不习惯。"

我让他平时多和老师沟通，即便不讨论学习，也可以聊聊生活中的琐事。只要能够跟老师顺畅地聊天，他就能掌握老师的语言语境，能够更快地适应老师的语速。另外，和老师熟悉之后，他可以找机会给老师提点儿小建议，让老师稍微放缓一下语速。

这次谈话之后，我很快就把这件事忘到了脑后。没过多久，朋友打电话跟我反馈，说孩子现在的数学成绩有了显著的提高，孩子已经习惯了老师的讲课速度和教学方法，朋友对我表示了感谢。

因此，我们有理由相信：时常让孩子回忆成功时刻或者做某件事情时的高峰体验，一方面能够唤回孩子的自信，另一方面是孩子对当时情景的一种复盘。复盘可以让孩子对当时是怎样获得成功的进行总结，让他触类旁通地把成功的经验套用在当前的难题或情境中，从而通过思考和行动让自己走出困境，摆脱沮丧失落的情绪，跨越到更为积极的行为模式当中。

4. 结交积极的朋友

俗话说：物以类聚，人以群分。父母应该在孩子成长的过程中，尽可能地让他们接触更为积极的朋友。因为孩子进入学校之后，每天和同学、朋友待在一起的时间相对而言会多于和父母在一起的时间。不可否认，孩子身边的同学和朋友对孩子的影响力不可忽视。但在选择交什么样的朋友这件事情上，父母只能更多地偏向于引导和帮助，而不能过于强势地控制孩子的交友权限，否则就会让孩子感觉自己没有自由，从而产生抵触情绪。

小希原本是一个非常乐观开朗的孩子，深受老师和同学的喜爱，用班主任张老师的话来讲，她是一个"眼里有光"的孩子。

但在进入初中后不久，她结识了同宿舍的另一个女孩子胡丹。胡丹是篮球队的体训生，性格叛逆，大大咧咧。这本身也没有什么问题，毕竟每个孩子都有独特的个性。

麻烦的是，胡丹还有一个很大的缺点，就是很爱惹事。小希和她成为朋友之后，总是莫名其妙地惹麻烦，不是被高年级的同学针对，就是因为和胡丹一起欺负女同学被老师批评教育，甚至有一次还因为跟高年级的同学打架被教导处在全校通报。

小希的父母刚开始有点儿奇怪，觉得自己的孩子一向乖巧懂事，怎么上了初中就跟变了个人一样。但因为工作忙，他们并没有深入地思考问题的症结，只是批评了小希几次之后，这件事就不了了之了。

结果没过多久，小希在学校厕所抽烟，又被老师批评教育，老师还喊来了小希的父母。如此几次之后，小希的父母才发现，小希每一次惹祸都和胡丹有着非常直接的关系，于是他们严令禁止小希和胡丹来往。可惜孩子已经14岁了，非常反感父母对自己的朋友指手画脚，反而认为胡丹和她一起经历了很多困难时刻，她每次惹事都有胡丹的陪伴，认为这是友谊的象征。小希丝毫没有听进去父母的警告，随后的结果可想而知,她的学习成绩一落千丈,最后连一个普通的高中也没有考上。

其实,类似这样的反面例子在我们的生活中时有发生。这也是很多班主任总是喜欢让一些成绩相对较差、自律性不高的同学和成绩很好的同学坐在一起的原因。

因为学习成绩好的同学相对而言自律性也较高,对身边的同学会有一个更为正向积极的引导作用,不会轻易地被自律性差的同学"带偏"。

家长可以在日常生活中,和孩子聊聊他身边的朋友,旁敲侧击地了解一下情况。如果发现他身边的朋友可能对他存在较为负面的影响,一方面要随时从侧面提醒孩子注意交友的选择;另一方面可以和老师进行深入沟通,在了解到更多信息的情况下,在老师的帮助下妥善地帮助孩子认识和结交更为积极自律的朋友。

需要注意的是,父母在做这些工作的时候,需要掌握方式、方法和尺度,以免让孩子感觉不适,继而引发强烈的抵触心理。

5. 健康的兴趣爱好

我们知道,健康良好的兴趣爱好能够陶冶情操,让孩子的学习生活更加丰富多彩,也能锻炼孩子专注和坚持的品格。

从有关部门发布的数据来看,"80后"的大学生在选择专业的时候,大多数选择的是更实用、更容易就业的专业。但随着社会的发展和认知水平的不断提高,"90后"在选择专业的时候,更多关注的是个人的兴趣。有一个明显的例子就是:20年前非常冷门的考古专业曾经出现过一个班只有一个学生的情况。现在受我国逐渐重视传统文化的影响,考古专业已经成为很多"90后"非常喜欢的专业类别。

因此,我们在培养孩子兴趣爱好的时候,不要把兴趣爱好的范围紧紧限定在常见的热门兴趣上。比如一说到兴趣班，家长们总是热衷于给孩子报舞蹈、英语、钢琴、美术、写作、书法等传统意义上的兴趣班。

我们可以根据孩子的性格特征和平时展现出的兴趣取向，让孩子接触更多的领域。在孩子选择这些兴趣的时候，我们可以暂时放下传统的观念，比如这些兴趣考试能不能加分？能不能让他有一技之长得以谋生？兴趣爱好更多的是拓宽孩子生命的宽度和深度，让他的精神生活更为丰富和饱满，而不是给他培养一种普世的实用价值观。

其实，孩子的兴趣是多种多样的，天体物理、岩石收集、编程、游戏CG、摄影拍摄、冷门乐器等。只要孩子感兴趣，只要是健康的兴趣爱好，我们都应该支持。

> 我身边有一个非常典型的案例：一个公司老总的儿子，上小学五年级的时候，因为参加了一次云南的研学夏令营，对各种甲壳类昆虫产生了非常浓厚的兴趣。没事的时候总是喜欢到公园、野外去收集和拍摄昆虫，甚至还自己做了一个非常精美的标本展架和昆虫图谱。
>
> 但这位老总朋友觉得，这么大个孩子总是玩这些虫子没什么意思，就逼着孩子报了昂贵的"财商培训课"，对孩子进行商业头脑上的培养。结果可想而知，孩子志不在此，自然学得兴趣寡然，收效也甚微。

个人认为，父母在给孩子选择兴趣爱好时最好本着以下两个原则：

（1）孩子喜欢并感兴趣的。

俗话说，兴趣是最好的老师。孩子如果对某件事情感到好奇和有兴趣，时常会达到一种无师自通的神奇效果。兴趣所引发的力量是非常强大且有可持续性的，这也是孩子成年之后，面对复杂的社会能够给自己保留的一方精神乐土。

（2）对孩子的体能或心智有帮助的。

父母培养孩子的兴趣爱好，是花费金钱和精力为孩子的未来进行铺垫，一般我们会着重从体能和心智上进行选择。无论哪一种兴趣爱好，只要符合孩子自身的意愿和兴趣，都是可取的。

这里需要重点说明一下，因为社会文化等因素，很多人会下意识地认为学习好和体育好是两种截然不同的发展路径。因此，很多家长会认为孩子进行体育类的锻炼会耽误学习，更有甚者，认为体育锻炼会让孩子"头脑简单、四肢发达"。

其实不然，我们可以查阅一下欧洲著名的科学家和数学家的履历，会发现他们要么是划艇队的主力，要么是骑行爱好者等。好的身体会让心智更活跃，而体育锻炼往往也能培养孩子坚韧不拔、永不放弃的良好品质。

赋予孩子积极思考的四种力量

在生活当中，父母时常产生这样的疑惑：为什么我们家的孩子什么事都要家长操心，而别人家的孩子，我看父母也没管过，但孩子自己就会安排时间、主动学习，事事都能做到井井有条呢？

这是因为"别人家的孩子"能主动积极思考，能推动自己行动，出现差错时会复盘总结，并拥有调整方向、聚焦目标、重新出发的能力。可以说，这样的孩子已经拥有了自主思考、自主行动的能力，他们和同龄的孩子会迅速拉开距离，进入成长的快车道。

因此，我们培养孩子尽快学会积极思考的能力，无疑是赋予孩子一生中最宝贵的财富。那么，我们到底怎样才能让孩子拥有积极思考的能力呢？

这就需要父母赋予孩子四种力量：聚焦力、推动力、持续力和振奋力。

1. 如何帮助孩子拥有聚焦力和推动力？

聚焦力是孩子聚焦于一个目标和难题，不被眼前短暂的利益和快感干扰的能力。

在了解如何让孩子拥有聚焦力之前，我们需要了解两个心理学术语：及时反馈和延迟满足。

"及时反馈"就是能够立即看得到结果的事件和行动。它是阻碍孩子聚焦目标的最大阻力。

人类在进化的过程中，天生喜欢能够快速、及时反馈的东西。游戏为什么能让无数孩子沉迷其中，甚至让成年人都无法自拔？就是因为人类对于及时反馈的狂热喜爱。

孩子在游戏中打死一个小怪物，马上就能获得金币或者经验值，如果多打几个，经验值和金币的累积，可以让他的游戏人物的能力和装备得到快速的提升。而每一次的奖励和提升都会刺激孩子的大脑分泌多巴胺，让他感到快乐。

反之，为什么有些孩子不喜欢学习呢？因为学习结果的反馈是非常漫长的。孩子辛辛苦苦背下了一篇文章，对他而言，现实并没有什么改变。他没有马上看到自己的分数因为多背了一篇文章而增加。学习这件事不能很快地反馈给孩子正向的激励，所以学习对大多数的孩子而言，是非常漫长和疲惫的过程。

了解了这些，我们需要教孩子学会延迟满足，也就是能够忍住不去做让自己获得短暂快乐的事情，而把目光聚焦在更为长远的、能够带来更大利益的事情上。

父母可以跟孩子做一个小实验：

给他一个他很喜爱的零食，然后给孩子两个选项：

（1）今天你就可以把这个零食吃掉。当然，即使你今天吃掉了，明天我还会再给你一个。

（2）如果今天你能忍住不吃这个零食，明天我会再给你两个。

对于年纪稍微大点儿的孩子，我们也可以把零食换成零花钱之类的东西，来看孩子面对短期诱惑和长期利益的时候，会做出什么样的决策。

了解了孩子对于延迟满足这件事的控制能力之后，我们可以帮孩子设定一个小目标，让他把注意力集中在完成一个小目标上，训练他的集中聚焦力。

当然，我们在设定目标时，不能简单地告诉孩子：

你下学期的数学成绩要再提高一些。

你得在春季运动会来临之前，学会太极拳十三式。

你要尽快考上跆拳道蓝带。

这样模糊不清的目标对于孩子而言是很难执行的，我们即便勉强设定了，随着时间的推移，孩子的激情也会逐渐退却。

设定目标需要符合三个原则：

（1）设定清晰的目标。

（2）明确的完成时间。

（3）可量化的执行过程。

举例而言，我们可以这样给孩子设定目标：

目标设定：数学成绩提高到全班前 10 名。

完成时间：一个学期再加三个月的时间。

分解执行：

（1）用一周的时间分析自己在数学学科中丢分最多的题型是哪些。

（2）用半个月时间，对数学上的弱项进行补足。具体实施方法为：每天刷一个小时的题库。

（3）针对自己目前的排名进行分析，每月月末模拟考试名次超越前面 2—3 名同学。

（4）完成每天的任务后，在当天的日历上画圈打钩。

我们用这样的方式制定目标，有清晰的结果和完成时间，也有分解每一天的具体计划和可量化的执行过程。孩子能够通过每天的重复执行形成记忆，日历上的记录也能帮助孩子形成视觉上的连贯性。等到最后达成目标时，长期积累的过程在最后会释放出大量的多巴胺，让孩子产生巨大的成就感和喜悦感，最后形成"我做到了"的巨大信心。

这种过程对孩子来说非常有益。这类目标设定法不仅可以用在学习上，还可以运用在孩子生活中的方方面面。让孩子在不断地设定目标、实现目标的过程中，逐渐学会聚焦目标，进行自我推动，摒弃眼前短期满足的诱惑，更加自律地完成积极正向的目标，在积极思考的领域实现一个飞跃。

2. 持续力和振奋力

如果说聚焦力和推动力是孩子开始行动的第一步，那么持续力和振奋力则是孩子在整个过程中激情和韧性的重要来源。

在现实生活中，我们遇到的情况是多变而复杂的。即便我们在事前做了很多工作，目标也设定得清晰明了、可执行，但孩子在实现目标的过程中，还是会遭遇种种的困难和阻碍。

持续力能够让孩子坚持做一件较为长期而当下并没有即时反馈的事情，振奋力则是孩子在遭遇困难和挫折时，能够调整自我和振奋自我的能力。这两种力量也是孩子积极主动思考所需要的核心能力。

> 朋友家的孩子小轩是一个品学兼优的好孩子，唯一的缺点就是个子小、体质差，体育方面的能力一直处在班里的末尾。
> 小轩自己也非常烦恼，他在五年级的暑假提出了锻炼身体的目标计划。
> 朋友也没太在意，就提议："那你暑假开始跑步吧。"
> 小轩果真在暑假的第一天就开始了晨跑，他计划前十天每天3公里，后面逐步增加。结果刚跑了一个礼拜，他便因为膝盖疼而坚持不

下去了。

朋友问我："怎么办？是让孩子坚持还是放弃呢？"

我告诉他："放弃。"

他很惊讶地问我："你不是一向都主张培养孩子的韧性吗？"

我告诉他："孩子跑步出现膝盖疼痛的问题，一方面是因为你没有陪同，没有及时纠正他的动作和姿势；还有一方面可能是因为孩子感觉跑步太过枯燥，没有什么乐趣，所以找了个借口。如果你暂时不能解决这两个问题，体育锻炼的计划还是先放弃比较好。"

朋友想了想，说："那行，我换个体育项目，这个项目比跑步有趣，又有专业人士的指导。"

没过几天，小轩被送到了市里一家颇有名气的乒乓球训练学校。刚开始小轩对乒乓球很感兴趣，可是随着时间的推移，小轩回家之后提到学校训练的次数越来越少，情绪也不高涨。朋友问及原因，小轩说，学校的那些学员都很厉害，他去了之后只能进行枯燥的基础动作训练，因为他的基础过于薄弱，和别人对练的时候一个人也打不赢。这种情况让小轩非常受挫，他甚至又一次萌生了放弃的想法。

这一次，朋友请我到他家坐坐。我去了之后，跟小轩闲聊了几句，就提出要跟小轩打一会儿乒乓球。

我自己的乒乓球其实打得不错，但在跟孩子对练的过程中，我故意丢球，一开始就输了三局。

刚开始小轩因为能够打赢一个大人而感到非常高兴，可在这之后的几局中，我一直故意输掉比赛，小轩渐渐就觉得没有意思了。

我见时机到了，就趁休息的时候问他："小轩，是不是跟我打球，即便赢了也没什么意思？竞技类体育的魅力在于，一定要和实力相当的人或者技术高过自己的人竞赛，赢了才更有意思。你刚去训练，实力当然不如那些学姐学长，但通过自己不断的努力，最后能够超越自己,超越他人,这样赢球才更有意义,对不对?"

小轩点点头,说:"嗯,其实我也不是完全没办法赢他们,有几个同学,我还是偶尔能够赢一两场的。"

我说:"对啊,这就是你在不断进步的证明。如果你现在放弃了,不仅之前的努力都白费了,而且你再也享受不到乒乓球给你带来的快乐了。"经过这次谈话,小轩重新燃起了对乒乓球的热爱。他不再以赢球为目的,而是不断苦练基本功,把自己在学习上的经验套用在了训练当中,技术也提高得特别快。

在这个案例当中,有两个值得关注的点。

第一,孩子的成长过程,父母要尽可能地参与。从一开始孩子制定目标的时候,父母就要给予孩子正确的引导和分析,这能让孩子少走弯路,制定的目标既适合他,又能减小不能达成的风险,避免孩子形成习惯性放弃。

第二,孩子在执行目标时,如果遭遇困难和挫折,父母不能简单粗暴地试图用讲道理的方式帮孩子渡过难关,最好是用实际行动加上理性分析,让孩子在具体的事件当中去感受,这样的效果更好。

成长是一个伴随着阵痛的过程。现实生活中,孩子遭遇的拦路虎也是多种多样的,处理起来的方式也各不相同。但有一个原则是不变的,那就是我们要给孩子创造一个抱持性环境,在他有信心、有激情的时候,鼓励他,认可他,在他遭遇困难的时候理解他,帮助他。这样的家庭环境能够给孩子足够的信心滋养,能够让孩子更有力量去迎接挑战。

Part 2

对生活充满热爱的孩子更自信

尊重自己，尊重他人

> 我为什么要不远万里去寻找他呢？
> 我，不就是他吗？
> ——鲁米

心理学告诉我们，自我是他人对自己的映射。我们通过别人认识自己，他人也通过我们来认识他们自己。

很多时候，尊重他人和尊重自己，时常被认为是一个密不可分的整体。我们对外部世界及他人的行为看法，同时也能够反映我们对自身的重视程度。

我们能看出一个人是否尊重别人，同时也能够知道他是不是一个懂得尊重自己的人。

对于孩子而言，首先要学会尊重自己。因为孩子刚刚从自我世界里走出来，对外部环境还没有太过敏锐的感知，对他人还不能形成很强的共情感。我们在让孩子学会尊重他人之前，首先要让孩子对自己的身体和情感有一个基础的认知。这有利于孩子用"以己度人"的方式判断别人的感受，从而学会尊重他人。

尊重自己包括两个方面：了解自己和接纳自己。

我们要尽可能地让孩子了解自己，孩子对自己的了解越深入，就越能发现自己的独特之处，发现自己有着独特的性格、禀赋及原则。尽管探索自我是一个极其漫长的过程，但对孩子而言，越早了解自己，就能越早建立强烈的自我意识。

1. 如何让孩子更加了解自己？

（1）尝试更多。

尝试不同的兴趣爱好，参加各种各样的活动，能让孩子更早地明白，自己喜欢什么，不喜欢什么；哪些是能够取悦自己的，哪些是让自己感到不舒服的。孩子参加丰富多彩的活动，也能接触到各种新鲜的事物和不同性格的人，这更加有利于孩子了解人际关系的复杂性和多面性，让孩子尽快确立自己的心理边界。人际关系的映射也能让孩子更加了解自己。

（2）写日记。

养成写日记的习惯，是让孩子了解自己的非常有效的手段，写日记的过程实际上是孩子和自我对话的过程。孩子通过写日记能够更加明白自己对事物的看法和自己的内心世界。

值得注意的是，如果想培养孩子写日记的习惯，父母就必须给予孩子"日记安全感"，绝对不能表现出自己对孩子写的日记好奇。因为这会导致孩子在写日记时，担心"心事"暴露而无法在日记中真诚面对自己，不敢完全暴露内心真实的想法，从而也无法真正了解自己的内心世界。

（3）畅想未来。

父母可以在茶余饭后或者休闲的亲子时光，和孩子聊聊未来，鼓励和引导孩子打开话匣子，让他们对自己的未来进行描述。在这个过程中，孩子对自己未来的所有想象，都是建立在当下对自己的认知的基础上。父母可以适当地引导孩子，让孩子对自己的未来做出更大胆的、更不切实际的、更另类的想象，通过不同的角色嵌套，让孩子在想象中更加了解自己，突破自我设置的障碍。

比如：孩子想象自己未来会成为一名英语老师。父母可以提问："为什么不可以是一个拳击手呢？"

孩子可能会笑着说："喂，我可是一个文静、听话的淑女啊，怎么可能成为一个拳击手呢？"

这里的"文静、听话的淑女"就是孩子目前对自己的定位。父母如果觉得孩子的自我认知和真实情况有差异，刚好可以趁此机会做一些分析和疏导，但不必说服孩子，点到为止，让孩子知道自己还有另外一种可能性就可以了。

2. 如何让孩子接纳自己？

（1）原谅自己。

孩子接纳自己的第一步，就是学会原谅自己。

我们要让孩子了解，这个世界上没有人是可以不犯错的。无论是自己的父母、师长，还是孩子的偶像、历史名人，都曾经犯过错误。

犯错是一个人成长的必经之路，孩子能够在内心原谅自己，不让犯错的愧疚感变成自己成长的绊脚石，才能更加坚定地继续朝前走。

我们需要跟孩子强调的是：原谅自己不是放纵自己随意犯错。

孩子犯的每个错误，都需要付出一定的代价，小错误甚至会引发严重的后果。我们可以通过具体的案例跟孩子解释其中的逻辑关系。

比如，有一个社会案件，某个司机因为多喝了几杯酒，在工地进行吊车工作时操作错误，导致楼房出现了倾斜垮塌的情况，造成了非常大的经济损失。

对这个犯错的司机而言，他一方面需要为自己的错误承担相应的责任；另一方面，在承担责任之后，应该更加警醒，而不是沉沦在愧疚和错误中，应继续努力生活和工作。

（2）接受自己。

每个人都不是完美的，尊重自己的一个重要前提就是接受和接纳自己。接受自己外在条件的不完美，接纳自己内心有一定的缺点和不足。

接受是改变的前提。孩子只有内心真正地接受了自己，学会观察和了解自己，才会有改变自己的原动力。

在这方面，有很多父母做得很好，这些从孩子的状态中就能够看得出来。很多孩子尽管有些胖，但依旧非常自信；有些孩子尽管发育迟缓，不够高大，依旧可以毫无思想负担地和比自己高大许多的同班同学肆无忌惮地玩耍。这些都充分地说明，我们的家长在给予孩子自信和接受自己的原动力上，做了很多的努力并取得了成效。

（3）尊重他人。

曾任牛津大学校长的英国前首相莫里斯·哈罗德·麦克米伦，曾经围绕尊重他人这个主题提出过四点关于人际交往的建议：

①**尽量让别人感觉他们是正确的。**

②**尽量选择"内心宽容"而非"绝对正确"。**

③**尽量把批评转为包容和尊重。**

④**尽量避免吹毛求疵。**

无论西方心理学和哲学体系如何定义"尊重"，在古老智慧的东方哲学中，我们只需要八个字就能够清晰明了地阐述"尊重"的核心思想，那就是：己所不欲，勿施于人。

"己所不欲，勿施于人"，简单的八个字，几乎是人际交往的至理名言。对于我们自己不愿意面对和承担的，不要施加在别人身上。

站在孩子们的立场上讲就是，我们不愿意被别人嘲笑缺点，那我们就不要嘲笑别人的缺点。我们不喜欢别人给我们取一些奇奇怪怪甚至带有一定侮辱性的外号，那我们就不要给别人取外号。

反之亦然，己所欲，施于人。我们希望得到别人的赞美，那我们就不要吝啬对别人的认可和赞美。我们希望得到别人的尊重，首先就要学会尊重别人。我们希望在自己遭遇困难时能够得到周遭的帮助，那就在别人遇到困难时及时伸出援手。

对于孩子而言，想要养成尊重他人的良好习惯，先要做到两个原则和五个"不要"。

尊重他人有以下两个原则：

①学会倾听。

做好一个听众，真诚倾听别人说话，鼓励别人多多表达自我，让他人获得自重感，是尊重他人最直接的方法。这样的孩子会有很多朋友，也更容易受到别人的尊重。

> 我个人在读书阶段的时候，很多人谈论到我，对我的评价总是：他很会说话，非常善于沟通。
>
> 可我真的什么都没做，和别人交往沟通的时候，更多的时候都是在认真听别人说话，时不时地简短表达一下自己的看法。

心理学上有个共识，其实人和人在交往沟通的时候，大部分的谈话内容会在几周内逐渐被忘记，但人们往往会记住当时谈话的感觉。

如果一个人在和你沟通的时候，没有感受到压力，没有感受到咄咄逼人，没有频繁被打断，没有被忽视，那你就会给对方留下一个较为舒适和自由的感觉。这种感觉会被对方认定是由你带给他的，因此他会有极大地被尊重的感觉。

②想他人所想。

现在很多孩子是独生子女。因为物质生活极为丰富，孩子往往也是一个家庭里的核心成员，是被其他家庭成员时常关注和关爱的个体。在这样的环境下，他们其实很难形成"凡事替他人着想"的思维习惯。

但随着年龄的增长和校园生活阅历的积累,孩子也会在人际交往的过程中,慢慢去掉凡事以自我为中心的想法,能够感受到他人的所思所想,并能够与他人产生共情。

同时,父母需要注意的一点是:为他人着想这件事对孩子而言,能够做到40%左右就可以了。孩子也不必非要凡事都替别人想,否则容易养成讨好型人格,使孩子逐渐失去自我。

我举个很有代表性的案例。

女儿琪琪在读六年级,某一个星期天,她要跟好朋友丽颖一起去看电影。

我随口问了一声她们要去哪个电影院看电影。

琪琪报了一个电影院的名字,那个电影院距离我们家至少有10公里的路程。我就问她:"为什么不选择离家比较近的电影院呢?"

女儿的回答是:"因为丽颖的父母不允许她跑得太远,所以我们只能选择在她家附近的电影院。"

我当时哑然失笑,开玩笑般地问女儿:"那如果我也因为担心你的安全,让你必须就近选择一个离我们家近的电影院,你打算怎么解决这个问题呢?"

女儿愣了一下,跑过来勾着我的脖子说:"哎呀,你那么通情达理,不会这么为难我们吧?"

我正色道:"琪琪,你能为对方考虑,为了迁就对方,选择到10公里外的电影院陪朋友看电影,这让我觉得你非常优秀。但这样做并不是最好的解决方法,毕竟你考虑了朋友的感受,却没有考虑到父母的感受。"

女儿想了想,问道:"那你说怎么办?我都答应别人了。"

我告诉她:"很简单。你告诉丽颖,这一次,你可以独自奔赴10

公里跑去她家附近陪她看电影，但下一次，请她也迁就一下你，到我们家附近来看。如果不行，那你们就另外选择一个折中的方案，选择一个在咱们两家中间位置的电影院，这样对大家都公平。"

女儿听了以后，皱着眉头说道："虽然这听上去有些合理，可我总感觉这样有些斤斤计较了，这会不会破坏我们的友谊？"

我告诉她："记住一句话：'不顾及别人的感受是自私，太顾及别人的感受是自虐。'友谊也好，爱情也好，都是建立在互相尊重的基础上的。你如果一味地站在对方的角度思考问题，就会失去自我原则，长期来看，这对你们的友谊反而是一种破坏。"

总体而言，我们家长的目的是培养出一个高情商的社会自然人，而不是培养出一个道德标准超越凡人的圣人。我们是要教导孩子为别人着想，但这些一定是建立在学会为自己着想、为家人着想的基础上。

在和同学、朋友交往中有以下五个"不要"：

①不要违约。

哪怕是一个小小的约定，我们也要让孩子学会遵守。未来一定是以个人信用为评判基准的社会，遵守约定就是对他人的尊重，也有助于构建个人良好信用体系。

②不要在背后议论他人。

很多同学之间之所以会产生矛盾，就是因为有些孩子在背后议论别人，而传话者在转达的时候，没有正确地表述清楚，导致了误解。我们要让孩子养成良好的社交习惯，让孩子不要在背后议论同学、朋友。因为你很难想象，一句非常正常的评论，在被他人转述过后，能被曲解到什么程度。

③不要乱开玩笑。

对于家庭贫困的同学，不要随意取笑他们的穿着，因为这是对方最敏感的地方。

对于长相有缺陷的同学，不要用相貌特征开玩笑，因为这也是对方最敏感的地方。

说者无心，听者有意，你不知道自己随意的一句玩笑，会给别人造成多大的影响和伤害。

④不要记恨批评者。

不要因为同学和朋友对自己提出意见或者批评而生气。能够当面批评我们的人，无论是善意的还是恶意的，我们都尽量不要对他生气。要用"有则改之，无则加勉"的态度面对一切意见和批评，保持积极良好的心态，因为他人的批评和意见会促使我们不断进步。

⑤不要随便动别人的东西。

无论是同学还是最要好的朋友，每个人都有自己的"小秘密"，我们需要别人的物品也好，需要别人的帮助也罢，都需要事先征得别人的同意，不能"先斩后奏"。在得到对方允许的情况下，我们才能动用对方的物品，而且借了别人的东西一定要按时归还。

让孩子学会接纳和取悦自己

一位饱受失眠困扰的患者跟我聊到自我认知的时候，突然很奇怪地发问："你难道不是通过他人的评价来认识你自己的吗？"

那时候，我才真正意识到，原来这个世界上真的有人是通过他人的评价来认识自己的。

这种人的主要特征为：

> 非常在意别人对自己的看法，非常能够体会别人的心情，说话做事都要考虑别人的感受，容易受到别人的影响，努力希望得到权威的认可，容易有宗教信仰。

后来我仔细研究了一下，这类患者在童年时期受到原生家庭的影响，往往没有学会自我接纳，没有形成正确的自我认知和评价系统，导致他们必须借由别人和外部的评价来进行自我的认知和调节，成年后容易形成低自尊人格和讨好型人格。

我们在上一章中曾经简单阐述过让孩子尊重自己的方法，其中重要的一项就是要让孩子从小学会接纳自己。原因就在于：孩子只有接纳了自己，形成一套自我评价系统，对自己有清晰的了解，才能有效避免外部评价对自我框架的影响。

培养孩子学会客观、合理地进行自我评价，是父母送给孩子一生都适用的珍贵礼物，会让孩子变得更加独立和自由。孩子将不必借助他人的评价生活，也不用凭借别人的评价判断自己的人生价值。

孩子如果无法接纳自己，没有形成正确的自我评价系统，便会本能地向外部世界寻求认可和欣赏，从而失去自我独立性。

我们可以发现，有些孩子热爱学习，并不是因为真正发自内心热爱，而是为了通过学习获得好成绩，从而获得家长、老师、同学的认可和肯定。很显然，他们长大后努力工作，也常常是想获得公司领导和社会舆论的认可和肯定。这样的孩子生活的原动力是围绕着他人展开的，当受到别人的赞扬和认可时，他们便会充满感激和愉悦；当受到别人的贬低和批评时，他们会伤心低落，甚至一蹶不振。

这样的孩子很难有持续的快乐和幸福，因为他们把自我价值和快乐幸福的评价权利交在了别人的手里。

反之，孩子如果学会了自我接纳，拥有一套合理的、客观的自我评价系统，就相当于握住了自己人生的方向盘，拥有了控制自己人生的主动权。他们不必也无须依赖他人的评价进行自我认知，也不用把外部评价当成自己人生的方向和动力。

只有这样，孩子才能把宝贵的时间和生命力用在发展自我，激励自我，去做自己认为有意义和价值的事情上。

与此同时，孩子才能拥有更充实、更有意义的人生。

本章我们会详细剖析如何让孩子真正学会接纳和取悦自己，进一步形成自我认知。

1. 自我接纳是原生家庭应该教给孩子的第一课

（1）主动接纳孩子。

让孩子接纳自己之前，父母要先主动接纳孩子，为孩子提供良好的抱持性环境，提高孩子在家庭中的安全感。我们要让孩子深刻理解，父母对孩子的爱是不含诱惑和交换的。简而言之，就是要让孩子感觉"爸爸妈妈爱我，不是因为我学习好，不是因为我听话，不是因为我长得好看，而仅仅是因为我是他们的孩子"。

这样做的目的在于，不能让孩子认为，父母的爱是可以用某种条件来交换的，比如不能让孩子产生"我考了一百分，父母就会更爱我"的想法。

这样的错误思想同样会导致孩子为了得到更多的爱和认可，而朝着某个目标奋力前进，把父母的认可当作生命的动力。

（2）父母主动接纳自己。

父母要先学会主动接纳自己，对自己的人生和能力有基本的接纳能力。这样一来，在平时的日常生活中，父母对孩子也会形成积极的影响，孩子接纳自己也会变得更容易一些。

> 心理学家温尼科特一生都在致力于让人们"活出生命的野性"，他自己笃信这个心理学理念，一生也在为此而实践。
>
> 他在 80 多岁的时候，还自己爬上了院子里的苹果树，砍下了最高处的树梢。妻子发现后吓得大叫："老天爷，你爬那么高干什么？"
>
> 而他的理由仅仅是："我早就看它不顺眼了，它挡住了我看云彩的视线。"

（3）帮助孩子提升能力。

父母需要帮助孩子提升自身在某一方面或者多个方面的能力。

自我接纳首先是建立在对自我实际能力评估的基础上。如果孩子的各个方面都不尽如人意，无论是学习、社交、体育甚至游戏方面都落后于同龄人，孩子自然很难认同这样一个看似"毫无优点"的自己。

父母应该做的是：对孩子各方面进行综合评估，从孩子擅长的、感兴趣的方面开始进行提升，培养孩子的自信心，从而先让孩子的一部分优点明显暴露出来，再用同样的方法对孩子在其他领域的能力进行评估和培养。

小雅的成绩不太理想，尤其是数学和英语，这让她无论在老师面前还是家长面前，总是感觉很自卑。家长在咨询了专业人士之后，对她各方面的能力进行了评估，发现小雅的文字表达能力和想象能力非常好。小雅平时做语文作业时，也总是先从写作文开始。

于是家长便有意识地培养她的写作能力，并鼓励她创作更能激发想象力的科幻短篇小说。因为她在这个领域里有着突出的优势，自然就能弥补她在其他科目上的弱势和自卑感，同样也能让孩子觉得，虽然自己的数学确实不好，但作文是全班第一名，同样也很厉害。

有了自信心，孩子才能守住自身优势，接纳并认可自己。自信心同时也是孩子不断精进自我，改善其他弱势领域的精神基础。

（4）给予孩子欣赏和肯定。

我们经常听到这样一句话："孩子的心灵需要滋养。"那到底什么东西能够让孩子的心灵得到滋养呢？

答案就是父母发自内心的欣赏和肯定。

父母经常性地对孩子表示发自内心的欣赏和肯定，确实能够让孩子更加确定自己的优点和长处，起到滋养心灵、点亮梦想的作用。

具体应该怎么做呢？欣赏和肯定孩子可不是不由分说地对孩子一顿猛夸这么简单，它非常讲究方式、方法和力度、角度。

俗话说："知子莫若父。"孩子大多是由父母看着长大的，可以说父母是最了解孩子的人，因此父母要给予孩子发自内心的欣赏和肯定。

（5）肯定孩子的进步。

我们赞扬、肯定孩子不一定非要在孩子取得明显成绩的时候。有些时候，孩子完成一件小事，也值得父母给予赞扬和肯定。

比如孩子在某一天帮助了同学，我们可以肯定他助人为乐的精神；孩子按时归还了他借的物品，我们可以对他的诚实守信进行肯定；孩子提前写完了作业，我们也可以对于他的时间规划进行肯定。

有时候，我们在对孩子进行肯定的同时，也能起到一个提醒的作用，能让孩子得到即时反馈，让孩子明白这些小事情中蕴含着人的良好品质，甚至会让他们发现自己之前不曾被注意的特长和优势。

（6）挖掘孩子的优点。

父母时常和孩子待在一起，很多时候反而忽略了孩子身上的优点，或者有些父母只注意到学习好、口才好、英语好这些普通价值观所认定的优点，并没有在孩子身上挖掘出更多的优点。

父母应该挖掘孩子的优点，当我们满怀爱意地、真正地关注孩子的时候，我们可能会发现更多的惊喜。有些孩子模仿能力很强，有些孩子的手长得堪比模特，有些孩子天生就擅长幻想，这些都是孩子身上的闪光点。我们对这些优点加以赞美和肯定，同样能够让孩子获得更多的信心，让孩子成功接纳自己。

我有一个表弟，他是一名非常优秀的健美教练。有一次我问他："你当时怎么想到自己适合做健美教练呢？"

他的回答匪夷所思，他说："其实最早发现我有这方面条件和天赋的，不是我的父母，而是我的一个中学同学。那个同学在某一次的运动会上专门从别的班级队伍里走到我面前告诉我，说我小腿肌肉非常完美，很适合跑步或者跳远。后来我和他成为朋友之后，他又经常说我的背部线条非常好看，说我可以练练形体。

"那时候我学习差，个子又不高，在同学们面前充满了自卑感，但是经过他三番五次的肯定和赞美，我自己也发现确实如此，就开始刻意练习，然后就成了现在的健美教练。"

（7）鼓励孩子思考。

我曾经听过一位名人的访谈，讲述了他的母亲如何把他培养成为一名清华大学生的故事。

> 从这位名人上小学开始，母亲就告诉他："妈妈小时候非常喜欢读书，但因为家庭条件所限，只读完了小学，可惜现在就连小学的知识也忘记得差不多了。孩子，你能不能每天上完课回家，给妈妈讲一下你们今天都学了什么？"
>
> 这位名人为了满足妈妈的愿望，每天认真听课，做好笔记，回家之后在小黑板上再给妈妈讲一次。有些模糊不清的地方，妈妈会提出疑问，他还得讲得更清楚一些。
>
> 就这样，这位名人养成了对课程从吸收到消化再到输出的习惯，其实这个过程就是著名的"费曼学习法"，只是当时他自己不知道而已。
>
> 这样的"家庭小课堂"持续到他小学毕业，他的母亲露馅了，原来他的母亲根本不是只有小学学历，而是正宗的大学生。但在这六年中，他已经养成了专注听课、认真记笔记、复盘反馈的学习习惯，即便未来不需要再给妈妈讲课，这种好习惯也促使他事半功倍地完成了学业，顺利考上了清华。

这个例子说明，我们如果发现孩子在某个领域里有所进步，比如某次成绩考得好，某次作文写得很好，要尽可能地对孩子进行发问："你是怎么做到的？"

让孩子把成功的经验复述一遍，一来可以加深他的印象，二来可以让孩子对成功的过程进行复盘，积累经验。这样的动作看似简单，却非常有效，能够让孩子在思考的过程中分泌更多的多巴胺，体会到更多的快乐和自豪。

2.能否取悦自己，很大程度上取决于会不会说"不"

只有拒绝了不想要的，才有机会得到想要的。

取悦自己并非放纵自己，不是想吃什么就吃什么，也不是想睡到几点就睡到几点。父母一方面要告诉孩子，人是有权利让自己感到愉悦的，但另一方面也要让孩子知道，真正的愉悦是一种对自我能力的掌控感，是生活和精神富足后产生的安定感。

学会取悦自己，通常需要做到以下三点：

（1）合理表达自我诉求。

在我们接触的一些亲子关系中，时常会有这样的情况。很多父母在询问孩子对某件事的看法时，比如询问孩子星期天全家要去哪里玩的时候，孩子特别喜欢说："随便，都可以。"

其实，当孩子特别喜欢说"随便"的时候，就意味着孩子不敢或不想表达自我的真实想法。这其中的原因有很多，但大部分是由于父母有一方过于强势或对孩子进行了太多的干涉，我们不在此讨论。

鼓励孩子表达出真实的自我感受，是非常重要的，这能够直接影响到孩子的精神状态。如果孩子在表述自我上产生了障碍，孩子的心理就会产生诸如"我不重要""太麻烦了""我说了也没用"等负面情绪。

（2）学会拒绝别人。

个体心理学家阿尔弗雷德·阿德勒曾经说过："让孩子学会说'不'，是让他走向独立自主的里程碑事件。"

对于孩子而言，"不"可能是最动听的语言了。孩子真正学会表达拒绝，是他心理走向独立，开始形成自我感受的标志。

有些孩子，刚开始表达"不"，就遭到了父母的抵触。父母认为，孩子表达拒绝是不听话的表现，他们往往在这样的恐慌下开始对孩子的拒绝进行压制。这会导致孩子经过多次无效反抗之后，形成习得性无助。无疑，这种心理带给孩子的后果是非常严重的，这将让孩子不敢表达，害怕拒绝，无法活出自我。

（3）做自己喜欢的事情。

时间对于每个人而言都是非常宝贵的，在有限的人生里，能够做自己喜欢的事情，本身就能获得幸福感。

如果一个人时常感到不快乐、不幸福，那大概率是因为他自己把很多时间都花在了不喜欢的事情上。

这几年，个体心理学发展迅速，心理学家非常关注个人幸福感。他们提出一个新的名词叫作"心流"，指的是一个人在全神贯注做喜欢的事情时，时常能够达到一个忘我的状态。而这种专注内心的热爱，能够获得一种极大的身心愉悦感。

孩子也好，家长也罢，尽管都有各自的学习和工作任务，但在其余的闲暇时光，还是要尽可能地把时间花在自己喜欢的领域，这样才是取悦自己的正确方式。

树立正确的人生观和价值观

"如何教会孩子树立正确的人生观和价值观"是一个非常大的题目，我们即便围绕这个题目写一整本书也不为过。

其实，每个人都有属于自己的人生观和价值观。人们常说的"三观不合""三观不正"，指的就是对人生观、价值观和世界观取向的认知不同。若三观不合，便很难与对方融洽地相处。

在这个题目中，最具争议的就是"正确"二字。到底什么才是正确的人生观和价值观呢？对此，我相信每个人、每对父母都会有自己的判断和认知。即便如此，我们还是要寻找一种普世意义上的"正确"的基底和原则。

在人类的文明发展历程里，曾经出现过几次典型的具有代表性的人生观。

1. 享乐主义人生观

这种人生观尊重人的生物本能，把人一生的价值归结为：不断满足自我生理需求，重视和追求感官快乐，将最大限度满足物质生活和身体享受视为人生唯一目的。

2. 厌世主义人生观

这种人生观在宗教体系内很常见，他们认为人生是苦难的过程。一切烦恼和痛苦的来源就是人生本身，人们只有逃脱凡尘才能真正做到解脱和自由，幸福和快乐并不在现实的生活和世界里。

3. 禁欲主义人生观

"存天理，灭人欲"，禁欲主义认为人的欲望是一切烦恼和罪恶的根源，尤其是肉体的欲望。这种人生观主张灭绝人欲，压抑人性，崇尚苦行主义。

4. 幸福主义人生观

这种观点非常强调幸福感，认为人生的意义应该是在实现个人幸福的基础上，再去追求他人幸福和公共幸福。把追求幸福人生当作一生中最高的目标和价值所在。

5. 乐观主义人生观

这种人生观认为社会的总体发展前途是光明的，追求整体社会的文明和进步，把科学和真理作为终极目标。对人生和世界都抱着积极乐观的态度。

6. 共产主义人生观

这是无产阶级的科学人生观，这种人生观把生命的活动历程看作认识和改造客观世界的过程。把消灭资本主义、实现共产主义，为绝大部分人谋利益、谋幸福当作人生最崇高的目的。人生的价值和意义在于对社会承担责任和做出贡献，最大的价值和意义在于一生都为人民而服务，无私地把自己的一切精力贡献给共产主义事业。

人生观和价值观就是关于人生目的、态度、价值和理想的根本观点。它主要回答什么是人生、人生的意义是什么、怎样实现人生的价值等问题。

孩子的人生观和价值观是随着家庭生活、学习生活、成长经历而逐步建立和塑造起来的，受社会阶层、家庭环境、教育程度等影响。

孩子最初的人生观和价值观很容易受到父母的影响。假设孩子的人生观和价值观开始是一张空白的画布，那么最先在这张画布上画下主基调的就是父母。而后，随着孩子进入学校，随着知识的不断积累，孩子自己会在这张人生观的画布上进一步描绘。直至孩子走上社会，跟外部世界产生紧密的连接和互动。孩子会对人生观的画布做最后的修正，形成一套独特的属于自己的人生和价值体系。

父母是孩子树立人生观和价值观的底座，我们的一言一行无不影响着孩子对世界的判断和认知。在帮助孩子梳理正确的人生观和价值观之前，我们不妨先问自己以下几个问题：

1. 我是一个开放而包容的人吗？

开放包容的态度，能够孕育积极向上的人生观，它是指一个人能允许有不同的意识形态出现，而不会出现过度的反感和激烈的思想排斥。我们应该明白，并不是每一种观点和思维都绝对正确或绝对错误，而是有一定的"适用边界"。

举例而言：

> 民间流传着很多富有智慧和哲理的谚语，这些谚语乍一看意思相悖。
>
> 古人说，近水楼台先得月。但古人又说，兔子不吃窝边草。
>
> 古人说，好马不吃回头草。但古人又说，浪子回头金不换。
>
> 古人说，宁为玉碎，不为瓦全。但古人又说，留得青山在，不愁没柴烧。
>
> 古人说，车到山前必有路。但古人又说，不见棺材不落泪。

观念和思维失去了既定的环境和场景，对错也就无从谈起。世界不是非黑即白，道理也不是非对即错。如果我们以简单的是非对错来判断一个观念，那就成了"懂得了很多道理，但依旧过不好这一生"的人。

希望所有人都能记住《了不起的盖茨比》中的名言："同时保有两种截然相反的观念，还能正常行事，这是第一流智慧的标志。"做一个允许事物拥有多样性，态度开放而包容的人。

2. 我对幸福人生的定义是什么？

关于幸福的定义，我相信没有一个绝对正确的答案，就像一千个读者眼中就会有一千个哈姆雷特，每个人对于幸福的定义自然也不尽相同。

值得注意的是，我们对于幸福的定义无论是拥有金钱、大别墅等良好的物质条件，还是要过上"老婆、孩子、热炕头"这样看似闲散的生活，通通都没有错。幸福的定义本身就取决于个体本身，没有高下之分。我们不需要认同别人关于幸福的定义，也不需要别人来评判自己对于幸福的评判标准。

我们在面对孩子时，也是如此。孩子对于幸福的定义可能跟我们对于幸福的定义相去甚远，有的可能会让我们觉得太过于遥不可期，有的可能会让我们觉得孩子未免太过于没有追求。我们如果对孩子对于幸福的定义不太满意，先不要着急纠正。孩子会随着年龄和阅历的增长，适度对自己的人生观和价值观进行调整。预期太高的孩子，在走上社会之后，经过一番折腾，自然会把幸福的预期调整到自己的能力范围之内；而预期太低的孩子，也会受到其他人乃至自身欲望的驱使，从而调高自己的标准。

作为家长，父母只需要关注孩子对于幸福的标准里包含了多少物质成分、多少亲情成分、多少自我成长成分就可以了。

假如孩子对幸福的标准全是基于物质条件的，我们可以稍微提醒一下孩子：根据爸爸妈妈的经验来看，一个人的幸福程度跟物质有一定关系，但是亲情、爱情、健康同样也很重要。

3. 我对金钱是什么态度？

父母的金钱观对孩子价值观的影响也非常直接。

心理学家武志红曾经讲过一个关于他父亲的故事。

> 武志红的父亲是一个普通的农民，他经常在过年过节等重大的日子里丢钱，虽然数目也不多，总是几十或者几百，但他这个毛病一直不被家人理解。直到多年后，武志红上了清华大学，读了心理学专业，了解了父亲的整个成长经历，才慢慢解开这个谜团。
>
> 原来，在父亲还没结婚的时候，家里的钱财都是由爷爷统一管理。父亲虽然很早就开始赚钱了，但是他会一分不少地全部交给爷爷。不仅他是这样，家里的几个儿子都是如此。
>
> 在父亲的潜意识里，逐渐形成了一种"钱是留不住的，总是要通过自己流向他人的"意识。所以，即便父亲成家以后爷爷再也没有让他上交收入，但父亲对于赚钱这件事的积极性一直不大，所以家庭条件一直很一般。
>
> 不仅如此，父亲还保留着逢年过节都要给爷爷送个红包表示一下的习惯。这个习惯一直维持到爷爷去世，之后父亲就开始有了丢钱的习惯。
>
> 其实他并不是一个粗心大意的人，但总会以各种奇奇怪怪的理由弄丢一些钱财。在他的潜意识里，似乎那一部分钱从来都不属于他自己。

如果想让孩子拥有正确的金钱观和价值观，父母需要肯定孩子的个人价值及劳动价值，在财务管理上不必实行"男孩要穷养，女孩要富养"这一原则。在孩童阶段，我们通过可控的零花钱，可以使他们产生最早的财务管理概念，形成关于金钱和价值的萌芽意识，这一点是不分男女的。

过度的节俭甚至不让孩子拥有零花钱，会剥夺他们对金钱的管理能力，孩子长大后反而容易变成一个花钱大手大脚、没有财务计划的人。

总结来讲，对于如何帮助孩子树立正确的人生观和价值观这个问题，其实并不存在一个放之四海而皆准的标准答案。

父母只需要做到以下三点即可：

（1）言传身教，耳濡目染。

我们自己拥有正确的人生观和价值观，自然会影响孩子，让孩子最初的人生观和价值观处在正确的位置上。

（2）让孩子多接触正向的价值观。

无论是书籍、影视，还是漫画作品，我们要尽可能地让孩子接触有正确人生观和价值观的作品，避免孩子受到外界错误的价值观的影响而扭曲了自己的观念。

（3）尽早让孩子学会管理零花钱。

我们要尽早让孩子明白一个道理：金钱是我们获得自由和自尊的工具。我们需要善用金钱，但不能让金钱成为我们的主人。被金钱奴役的人生注定是可悲且毫无幸福感可言的。

让孩子学会为他人鼓掌

孩子如果能够做到真正地欣赏别人，因为他人的优点而钦佩他人，为他人的成功而由衷地鼓掌，其实也表明他拥有了良好的修养。

我们要让孩子懂得"人外有人，天外有天"的道理。每个人都有不同的优点和特长，我们要学会欣赏别人的优势和特长，并接受别人在某个方面确实比自己强的现实。

孩子能为别人鼓掌，这不仅是有度量、有风度的表现，更是一种美德和修养。

前段时间，网络上有一段非常火的视频。一名小学生在老师念名字发奖状的时候，十分兴奋，脸上洋溢着志在必得的笑容，甚至认为下一个被念到名字的就是自己。但老师念了别人的名字，他尽管难掩脸上的失落，还是跟得奖的同学击掌相庆，并真心为同学鼓掌祝贺。最后，他听到自己也被念到了名字，更是兴奋得跳了起来，冲到了讲台上，拿着奖状喜极而泣。

全班的同学对他回以热烈的掌声。

短短的十几秒视频里，孩子的情绪如同过山车一样，从志在必得到失望、失落，再到意外惊喜。但从始至终，孩子都保持着风度。在等待自己奖状的同时，不忘向每一个得奖的同学鼓掌祝贺。

别人的某个地方比自己优秀，一方面是由于每个人都有不同的兴趣和天赋，另一方面也说明别人经过了努力。父母需要向孩子灌输一个观念：别人做得好，并不意味着自己是"不好的"或"差的"，只能说明别人在某个领域里付出的比自己多，所以才做得比较好。

一方面，我们要勇于承认对方的努力付出；另一方面，我们也可以把对方当作我们的榜样，学习对方刻苦努力的精神，促使我们自身进步。

当然，并非所有的孩子能坦然接受他人的优势和特长。由于天生的争强好胜心理和妒忌心，有些孩子往往在看到他人取得成功的时候会感到非常失落，甚至产生自我贬低的心理。

父母在日常生活中要细心观察，如果发现自己的孩子很难接受别人比自己强，要进行干预和心理疏导。

春节聚会的时候，一个同学带着自己的女儿茜茜到我家做客。席间，同学提到茜茜学习舞蹈已经三年了，并让茜茜表演一段舞蹈给大家看。

茜茜也没有扭捏，大大方方地给大家表演了一段新爵士舞，举手投足间充满了自信和活力，舞姿也非常动感、漂亮。一曲跳完，获得了大家的热烈掌声。

这时，我注意到一个细节，坐在角落的小侄女鹿鹿没有给茜茜鼓掌，脸上还露出了不屑的表情，显得很不服气。

我知道鹿鹿是个非常争强好胜的孩子，她大概是觉得茜茜的舞蹈抢了自己的风头。她的家人和亲戚朋友都给茜茜鼓掌，这让鹿鹿感觉很不是滋味。

客人走了以后，我问鹿鹿："怎么，我们给茜茜鼓掌，你不高兴了？"

鹿鹿噘嘴说道："她就是爱表现，爱出风头。"

我说:"鹿鹿,舞蹈本身就是表演给观众看的。茜茜给我们表演,对她来说也是一种锻炼。每个人都有自己的长处,她跳舞跳得好,你画画画得好,所以,没必要因为这个不高兴。我们欣赏别人,别人也会欣赏我们;我们为他人鼓掌,他人也会给我们鼓掌呀。"

鹿鹿点头承认:"她练舞确实挺刻苦的,我看她的膝盖上全是瘀伤。"

我说:"对嘛,所以每个人的努力都值得被尊重,每个人的长处都值得我们鼓掌,对不对?"

鹿鹿说:"好,下次茜茜再到我们家跳舞,我肯定给她鼓掌。"

我们都知道,练舞需要下苦功夫,"功夫"是指一个人在某件事上花费的时间和精力成本。现代社会,每个人都有自己擅长的专业领域,各自有各自的"功夫"。我们每天都在享受别人的"功夫"。电影制作人通过苦心创作为我们带来好看的电影;漫画家和小说家用自己的"功夫"为我们创造好看的故事;面包师经过长时间的学习和锻炼,为我们做出美味的面包和蛋糕。

我们自然而然地享受着这一切,又有什么理由不给别人鼓掌喝彩呢?事实上,为他人鼓掌只是一种外在形式,父母要通过这种方式让孩子明白其中的道理。

让孩子学习独立生存的技能

在我每天上班的路上，会路过一所省级重点高中。每当周末来临的时候，这条路就会被前来接孩子的家长堵得水泄不通。孩子们从学校里涌出来，背着大包小包的脏衣服，父母接过脏衣服放在车上，然后把孩子们接走。

我时常在想，高中生不会洗衣服可能是因为没有时间。但在本市长大的孩子，难道连回自己家的路也找不到吗？为什么必须让家长来接呢？

未来，这些孩子考上了大学之后，他们的衣服又由谁来清洗呢？他们又要如何适应一个个陌生的城市呢？

也许，这些担心确实是杞人忧天。很多家长认为，孩子长大了之后，该会的自然就会了，现阶段一定要以学习为主。培养孩子的生存技能什么的，还是再往后放放吧。这又不是蛮荒时代，孩子也不需要太多的生存技能。

事实上，我认为从小培养孩子独立生存的能力非常重要。独立生存的能力是一个人所必须具备的最基本的生活技能，它是孩子形成独立自我意识的必经之路。拥有独立的生存能力和自理能力的孩子，未来也能更好地开展学习与工作，更好地融入社会。

现在很多孩子是独生子女，家庭常态几乎是一家人围着一个孩子转。无论孩子吃饭、穿衣，还是打扫卫生，都是由家长代劳。孩子长大后，有了学业的压力，更没有时间学习如何做饭、如何打扫卫生。即便有些孩子愿意尝试，家长也会为了让孩子专心学习而通通代劳。

如果我们没有培养孩子独立生存的能力，孩子可能就会出现饱受社会诟病的"高分低能"现象。孩子如果极度欠缺生活自理能力，会在未来的校园生活中被其他同学耻笑，导致社交关系不良，自信心严重缺乏。再进一步，如果孩子在工作后，这方面的能力仍没有得到改善，那将会影响到他的工作、生活和交友等方方面面。

　　我朋友家有个孩子，非常聪明，但到了换牙的年龄时，他的新牙齿迟迟不见动静。朋友带他到牙科医院一检查，医生说："你们平时给孩子吃得太软啦，孩子的牙齿基本上没怎么用过，孩子没有太多的咀嚼动作，无法刺激到牙龈神经，新牙齿就长不出来。"
　　果然，从孩子的奶奶那里了解到，为了让孩子好消化一些，他们平时都把孩子吃的饭烧得非常软烂。即便是苹果，也是煮软了之后，做成苹果泥给孩子吃。

孩子的独立生存能力就如同牙齿一样，本该随着年龄的增长而跟孩子一起成长。可是由于父母的制约，孩子的独立生存能力没有得以展现，这是一件非常令人遗憾的事情。

　　有研究发现，爱做家务、会做家务的孩子和不会做家务的孩子相比，幸福感和自信心都会高出28%。大部分的专家认为，培养孩子生存能力的最佳时机在学前阶段，次要时机在小学阶段。父母最好能够抓住这两个阶段，根据孩子的年龄段和生活环境，对孩子的独立生存能力进行培养教育。这也是孩子提高生活自理能力的关键节点。

培养孩子独立生存的关键节点
学龄前3—6岁：
这个年龄段的孩子好奇心旺盛，模仿能力强。这个阶段是培养孩子生活自理能力的关键期。这个阶段，家长要帮助孩子养成自己的事情自己做的生活习惯，尽可能多给孩子提供动手和实践的机会。家长要勇于放手，敢于放手，让孩子去尝试。

我们可以让孩子自己穿衣、穿鞋；自己吃饭、扫地；自己收拾玩具、餐具；自己整理自己的房间，甚至去超市购买日常用品时也让孩子参与。不要让孩子养成"衣来伸手，饭来张口"的习惯。如此一来，孩子即使离开父母或家人的照顾，也不会无所适从，更不会感到很难适应。

从小培养孩子的生活自理能力，除了能让孩子尽快走向独立自主，还有更深层次的含义，那就是培养孩子对于家庭的责任感。对于孩子而言，能够帮家里分担家务，是一件非常光荣的事情，是他成长历程中闪闪发光的勋章。这也是孩子构建家庭责任感的良性通道，父母可以好好利用这个阶段，培养具有独立生存能力且有家庭责任感的小男子汉或小淑女。

学龄阶段6—12岁：

这个年龄段正是孩子读小学的阶段，孩子已经具备了更多的能力，也从学校学到了更多的知识。除了能够帮父母和家庭分担一部分家务，还可以更加深入地学习更多的生存技能。

培养孩子的社会生存技能是这个年龄段的主要课题。

前一段时间有一则社会新闻，讲述的是一个八岁大的孩子，离开家去寻找在外地打工的父母，结果误入丛林，一个人在丛林里生活了十二天。被救援人员找到的时候，孩子竟然毫发未损。

据孩子回忆，他进入丛林的第一天就迷路了，但他在农村长大，具备多种生存技能。他能够找到合适的山洞，也会自己生火，甚至会把抓来的鸟烤熟再吃。凭借着超强的生存能力，他度过了十二天的丛林生活，还自己治疗了一次感冒，并且杀死过一条蛇。

看完这条新闻，我们不禁会想：如果是自己家的孩子遇到这种逆境，会是什么样的后果？结果可想而知，这个孩子所做的一切，现在很多城市里的成年人都未必能做到。

这尽管是一个非常极端的例证，但也确实表明，具备独立生存的能力，对于每一个孩子而言，都是非常重要的。重要到可以在极端的情况下挽救自己的性命。

在6—12岁的阶段，家长可以多给孩子看一些国外优秀的野外生存纪录片，如BBC频道出品的各种自然纪录片，让孩子积累一些对外部环境的认知。

有条件的家长还可以带孩子去野外露营，教会孩子在野外如何辨别方向、如何辨别鸟类和兽类粪便、如何在野外生活，以及如何找到干净可以饮用的淡水。

我曾经带过两年的研学班，专门带孩子到户外进行研学活动，在大自然中学习更多的课外知识和生存技巧。我们发现，其实孩子们天生喜欢大自然，自然带给他们的乐趣大过电子游戏的魅力，他们也能够很快地学会各种生存技巧，并且做得有模有样。这是孩子天生的冒险精神赋予他们的能力，只是很多时候，这种能力被繁重的课业占据或抹杀了。

无论如何，生活能自理、生存没问题，这是孩子走向独立的一个重要标志。在孩子成长的每个阶段，他们都需要学会这个阶段应该掌握的生存技能。如果孩子在本该掌握相应生存技能的年龄阶段，没有掌握这个阶段的生存技能，或者总是在思想上依赖家长，那么，他们在这个阶段的心理状态同样也会停滞，从而影响下个阶段的顺利成长。社会上常被女性鄙视的"妈宝男"就是这样诞生的。

所以，家长应该从小培养孩子独立生存的能力，勇敢地让孩子尝试，你将会收获一个更优秀、更独立的孩子。

Part 3
高情商是慢慢培养出来的

培养孩子的共情能力

在开篇《什么是情商？》的章节中，我们提到过，共情能力是衡量情商的一个重要指标。拥有良好的共情能力，是孩子提高情商的重要一步。这个章节我们围绕如何培养孩子的共情能力详细展开。

共情能力，简而言之就是"从对方的角度看待问题"。

共情能力是站在对方的角度理解对方的情绪和感受的一种能力。这是孩子理解自身以外的世界的能力，同时也是和外部世界沟通和连接的基础能力。

人类是社会性群居动物，我们绝大多数的社会活动是和他人共同协作、共同完成的。在这个高度聚集的文明时代，很难有人能够真正把自己活成一座孤岛。我们身处社会，就一定要和他人产生交集。因此，倾听他人、理解他人能够让孩子拥有良好的人际关系，并能够让孩子在社会群体中处于更加舒适和安全的环境中。这样良好的人际关系和社会性环境，又能赋予孩子更好的幸福感和安全感，同时也能够让孩子心态更加平和。

大量的科学实验证明，幸福感和安全感能够刺激大脑中后叶催产素的分泌和释放。后叶催产素又被称为"爱的荷尔蒙"，它会让人感到安全和平静，更能够有效抑制压力和焦虑的产生，对我们的身心健康都非常有益，也能在某种程度上使我们更好地和别人交换感受、换位思考，建立良好的共情关系。

虽然共情能力被视作一种我们人类与生俱来的能力，但它和我们大多数的能力一样，如果没有得到适度的使用和训练，也会处于萎缩状态，无法达到最佳效果。

父母如果想要从小培养孩子的共情能力，除需要以身作则以外，还可以用以下三种方法给予孩子引导和培养，让孩子从小建立共情能力。

1. 引导练习，共享情绪

父母可以在适当的时候，和孩子聊聊自己遇到的各种事情，引导孩子想一下，关于这件事情，自己和他人的情绪是如何产生、如何发酵、如何释放的，引导孩子理解如下问题："我在这件事里因为什么而生气或高兴？""在这件事里，我和他人一共产生了多少种情绪？""生气、高兴、愤怒、羞愧，这些情绪是如何产生的？"

下面我举个例子：

> 小航的妈妈是一名银行职员，某天下班后跟小航讲了一件在她上班时发生的事情。
>
> 小航的妈妈在银行接待了一名外地顾客。这名顾客操着一口外地口音，小航的妈妈难以听懂，在经过艰难的沟通后，小航的妈妈要求对方出示身份证。结果对方没有身份证，无法办理取钱的业务，然后突然发火了，向银行领导投诉了小航的妈妈，导致小航的妈妈受到了领导的批评。
>
> 整个下午，小航的妈妈情绪非常低落，她的一个女同事还一直在她旁边若无其事地讲自己家里的琐事。小航的妈妈难以忍受，大声吼了她几句，这个同事气冲冲地回到了自己的座位上。
>
> 小航的妈妈下班以后，在路上调整了一下情绪，回家之后把这件事讲给了小航听，然后用分析和引导的方式，剖析了整个事件：妈妈遇到一名难以沟通的客户，在和他沟通的过程中产生了烦躁的情绪，

后来被领导批评,这种情绪就变成了被压抑的愤怒和委屈。还遇到一个没有共情能力的同事,在旁边若无其事地一直唠叨自己家里的琐事,最终导致了妈妈情绪的爆发。

在这个事件中,小航的妈妈经过分析,让孩子明白情绪是可以层层叠加的,在进行传递之后爆发出来。

最后小航的妈妈发问:"你如果是我的那位同事,应该跟妈妈说些什么?"

提高共情能力的第一种方法,就是利用生活中的事件,让孩子感知在各种事件中,人们会产生哪些情绪。这些情绪是如何产生、如何叠加、如何被激发、如何被压抑或者经由第三方而消失的。

这相当于给孩子模拟了一些未来他会经历的场景,有利于孩子应对复杂的社会环境。让孩子能够在事件中准确地预判他人的情绪,感知对方的感受,从而做出最正确的行为决策,成为一个高情商的人。

2. 阅读故事,理解他人

提高孩子的共情能力对孩子未来的社交和沟通能力有着非常良好的促进作用,对此全世界已经形成了共识。提高孩子的共情能力,我们还可以参考英国"共情实验室"(Empathy Lab)的做法。

"共情实验室"与英国11所先锋小学合作,通过阅读、写作和表达的方式来培养孩子的共情能力。

(1)通过阅读提高孩子的共情能力。

我们可以给孩子找一些合适的书来阅读。这些书应该跟孩子的生活学习背景相似,孩子能够在书中找到自己或者身边朋友的影子,或者书中的内容符合这个年龄段孩子的生活经历。孩子如果处于小学生阶段,可以阅读《淘气包马小跳》之类的书籍。因为书中的主角也是一个小学生,他的校园生活和日常生活和孩子非常接近，更容易让孩子在故事中产生共情。

另外，这一类书籍的故事内容要相对完整，并具有一定的可信度，不脱离现实，不过分描述，相对而言更加写实。这样的故事能够帮助孩子理解故事中人物角色的动机、情感和对于事件的反应，让孩子更容易和角色产生共情。

（2）通过写作文提高孩子的共情能力。

在孩子写作文的过程中，父母可以有意识地让孩子多使用一些表达感情的词汇。如果孩子表达感情的词汇相对欠缺，那么他们就很难理解他人，自然也很难与他人进行有效的沟通。

父母可以根据孩子的一篇叙事作文，跟孩子详细地讨论，是什么导致了角色的行为或者感觉，作文中的角色有哪些行为和情感产生。

这样的讨论不仅能够让孩子更明白他人产生情感的过程，也能够让孩子更加了解他人的感受，从而知道面对别人的情绪，应该灵活采用哪些应对行为，让孩子的共情能力进一步提高。

3. 成为他人，感知他人

让孩子拥有超强的共情能力，还有一个方法非常有效，相对而言也更有趣一些，那就是"角色扮演"再加上"口头表达"。

理解他人最好的方法就是成为他人，所以让孩子和"角色"深入接触，也是培养孩子共情的好方法。

我们可以根据一些相关的小故事或者小剧本，让孩子塑造和扮演一个跟自己截然不同的角色。家长和孩子进行互动或者采访孩子，通过沟通，让孩子逐渐深入角色，融入角色。这样可以让孩子站在他人的角度思考问题，体会他人的感受。

比如，我们可以让孩子扮演一名清洁工人，在家里打扫卫生，模拟一个清洁工的工作场景。父母可以扮演素质低下的路人，不断地把果皮纸屑扔在地上。这种行为对于扮演清洁工人的孩子而言，一定会让他产生厌恶或者无奈的情绪。而这种情绪，正是清洁工人平时会产生的情绪之一。

我们还可以让孩子扮演老师，给父母讲课，而父母扮演一些调皮不听话的孩子，不是交头接耳就是打打闹闹。我们可以通过这种方式，让孩子体会到老师的辛苦和无奈。

游戏结束之后，我们可以让孩子描述一下他的感受，看孩子是否融入了角色，父母再进行简单的引导和复盘就可以了。

最后，我们要提出一个新的问题：父母如何跟孩子共情？

以上，我们针对如何提高和培养孩子的共情能力，给出了一些具体的解决方法。实际上，我们在日常和孩子相处的过程中，如果想让亲子关系更加和谐融洽，父母更需要和孩子共情。

可能有些父母会认为：我自己的孩子，我非常了解。我知道他想要什么，也理解他在表达什么，这不就是共情吗？

其实，和孩子产生共情，最重要的不是你理解他的想法，而是你如何回应他。

我举个例子：

冬天的早上，眼看马上要迟到了，孩子依然不愿意离开温暖的被窝。面对你三番五次的催促，孩子非常不情愿地抱怨道："妈妈，我好想再睡一会儿，真不想去上学！"

面对这样的情景，作为父母的你会怎么回答呢？

在父母的亲子分享课上，我们大概收集了下面七种比较有代表性的回答。

"行吧，你睡吧，不想上就别上学了。"

"不上学怎么行呢？以后你怎么考大学，怎么挣钱养活自己呢？"

"孩子，不上学可不行，迟到老师会生气的。"

"爸妈也不想起床上班，我们也很困呢。"

"孩子，爸妈像你这么大的时候，也很喜欢睡懒觉，但是……"

"谁叫你晚上熬夜不睡觉，下次知道要早点儿睡了吧！"

"唉，每天早上起床上学确实挺辛苦的。"

从心理学家的角度讲，最后一个回答是最好的共情方式。我们可能会发现，从第一种到第六种的回答，基本上是从不同的角度对这件事提供了信息，只有最后一个回答，没有什么信息含量，几乎是顺着孩子的话随便说的一句，基本上就是一句废话。

但是，这样的一句废话，是最具有同理心和共情能力的。因为这个回答，让孩子觉得自己被看到了、被了解了、被认同了。孩子想睡懒觉不愿起床，发牢骚不想去上学，实际上他自己明白上学的重要性，也知道早睡等一系列的解决方案。他需要的不是这些，他需要的仅仅是自己此刻的感受被人看到并了解而已。

再如下面这个例子：

一个在"70后"和"80后"的带娃过程中极富争议的话题是：孩子摔倒后，到底该不该扶？

小孩子在学习走路的过程中，不可避免地会摔跤，然后大哭。这时候，父母到底说什么，怎么回应才能够让孩子感受到自己被共情了呢？

"宝宝下次小心点哦。"

"不疼不疼，宝宝没事，不哭。"

"男孩子不要哭，要坚强。"

"哎呀，你摔了一跤，好疼啊！"

在心理学家的眼里，最后一个回答依然是标准答案。因为第一种到第三种的回答，会让孩子觉得摔跤和疼痛都是自己的事情，和爸爸妈妈没有任何关系，是自己的错。这种感受会让孩子感觉孤独，以为他的感受没有被看到，没有被了解，没有被共情。

如果妈妈简单做出了共情的回答："哎呀，宝宝摔跤了，宝宝好疼啊！"孩子可能还是会哭，甚至会哭得更厉害，但哭完会继续走。因为他接收到一个重要的信息：我的摔跤、我的疼痛，被妈妈看到并理解了，妈妈和我一同感受和承担了整个过程，我的疼痛被分担了。

有些父母在孩子遭遇困难和挫折的时候，出于爱子心切的本能，总是急于提供解决方案，给出一大堆的建议和意见。突如其来的建议会否定孩子的情绪，而对孩子来说，建议不是最紧急、最需要的，父母第一步需要做的只是共情而已。

比如，我们可以对孩子说：

"我知道你心里一定很难受。"

"发生这样的事情，你可能感觉压力很大。"

"你付出了那么多努力，最后还是输了比赛，这真让人郁闷。"

……

这些回应看起来都非常简单而无用，却是我们在孩子情绪低落，遭遇困难和挫折时，和孩子拉近距离、产生共情的第一步。

这样简单朴实的共情回应法，还能解决很多家庭中常见的矛盾和争执。

下面我举个例子：

孩子看到别的孩子买了新的 AJ 篮球鞋，回家以后就跟爸妈说："黄子轩的爸妈给他买了新的限量款篮球鞋。"说完之后，他叹了口气。孩子的意思表达得很明确，他很羡慕别人，对比自己，有些不开心。

父母的回答通常也有以下几种：

"你的鞋子也挺好的，没必要换。"

"那你赶紧想办法存钱吧。"

"小孩子追求什么名牌，不要那么虚荣好不好？"

"买买买，给你买！"

我们如果深刻理解了孩子的情绪，就会知道，孩子说这些话，并不是想买一模一样的鞋子，也没有嫌弃自己家的家庭条件，他只是有点儿不开心而已。

按照共情回应法，正确的回应其实很简单，我们可以说"我知道了"，或者说"那你是不是有点儿不开心"。我们把孩子内心的情绪说出来就可以了，没必要也给孩子买一双价值不菲的限量款篮球鞋。

很多时候，父母无法和孩子共情，是因为我们总是以自我感受为中心，无法忘记自己。面对别人的情绪，我们总是想证明自己的价值和输出自己的观点。这些都在阻碍我们和对方共情。

而共情的方式是去繁化简的，那就是"我愿意倾听你的声音，我愿意接纳你的情绪，我感受到了你的内心"。我们如果没有感受到孩子的情绪，或者对孩子的情绪模棱两可，可以进一步询问对方："到底发生了什么事？"但在这之前，我们不要评判，也不要妄加猜测，不用"表演"出自己已经理解对方的姿态。

说到底，共情只是为了理解对方的感受，而并非操纵对方。

培养孩子的自我驱动能力

在现代家庭教育中,大部分父母习惯替孩子安排好一切。但这种善意会导致孩子无法自我成长,孩子会养成遇到问题就退缩或者下意识地向他人求助的习惯。与此同时,父母也会感觉筋疲力尽。

临床神经心理学家威廉·斯蒂克斯鲁德(William Stixrud)与教育专家奈德·约翰逊(Ned Johnson)提出:现在的孩子被剥夺了对自我生活的控制感,自主意识较低,因而自我驱动力不足。而导致这种现象的主要原因是:很多父母认为,自己要替孩子做出最好的、最正确的、最稳妥的决定。父母出于经验主义,担心孩子犯错,拒绝孩子试错。因为父母大多认为,人生路上,父母要竭尽全力为孩子铺路搭桥,让孩子不走错路、不绕弯路,只要有一个决定出了错,就会影响孩子的一生。

我们如何培养孩子的自我驱动能力呢?

首先我们需要找到孩子自我控制感降低的主要原因,再来对症下药地进行改善和提高。

美国心理学家德西(Deci Edward L.)和瑞安(Ryan Richard M.)曾提出了"自我决定理论"。这个理论认为人有三种基本的心理需求:自主性(autonomy)、能力感(competence)和关联性(relatedness)。

自主性就是自我控制的需求,它就像饥饿和口渴一样,是人类的基本需求。一个人如果对生活的自主性较低,就无法成为一个自我驱动的人。

下面我举例来说:

邻居家的孩子已经一岁半了。我经常在楼下的小广场看到他坐在婴儿车里，爷爷奶奶一个蹲在地上托着奶瓶喂奶，另一个站在旁边替他遮挡阳光。

孩子则一边看着其他跑来跑去的小朋友，一边悠闲地喝奶，胳膊和手都不曾动一下。

按道理，一岁半的孩子正处在探求欲望很强烈的阶段，正是锻炼自己握持能力和手眼协调能力的时候。但爷爷奶奶出于担心孩子把衣服弄脏，或者别的原因，一直采用喂食的方法，导致孩子失去了自主性，不愿意自己拿着奶瓶进食。我曾试着让他抓握奶瓶两边的把手，但孩子只是随意摸了一下就把手放下，任凭奶瓶自由掉落而毫不关心。

这只是家长在养育过程中剥夺孩子自主性需求的一个小事例，但从很大程度上来讲，这件小事也是家庭教育现状的一个缩影。

父母需要认识到，尽管现在物质条件丰富，我们能为孩子做的事情更多了，但我们在孩子成长的路上，不能一直站在他的身前。我们在替他们遮风挡雨的同时，也遮住了阳光。

父母需要相信孩子，相信成长的力量。

1. 降低孩子自我驱动能力的三大原因

（1）孩子玩得太少。

随着中国家庭对教育的重视程度的提高，课堂及家庭作业量的增加，孩子能够有一个完整的周末已经是一种奢望，更遑论能够在周末花一整天的时间自由玩耍。

孩子如果可以选择去哪里玩、玩什么、如何玩，就会拥有更多的自我控制意识。原因很简单，玩耍是孩子的天性，也是孩子的兴趣所在。在这个领域里，如果孩子可以自由地决定一些事情，他的行为决策都是发自内心，这是对自我意识和自我控制感的极大滋养。

我们可以看下面两个形成了对比的案例：

孩子小A，每个周末的安排都是父母精心设计好的。他从早上吃早餐，中午做作业，下午上补习班，回来之后背诵课文和英语，晚上进行钢琴练习，一直到入睡，所有的行动都是以日程表的方式精准展现的。孩子只需要按部就班地执行就可以了，失去了做规划、做选择、做决策的机会。自然而然，孩子的自我驱动控制能力就得不到使用和锻炼。

隔壁家的孩子小B，由于没有课外辅导班，没有兴趣班，他有一部分的时间是属于自己的，可以自由安排。他可以提前和同学沟通去哪里玩、玩什么项目，或者玩到几点，也可以临时决定。这些时间和行动是他可以自我掌控的，那么长此下去，他个人的掌控感就会很强，会在潜意识里认为：我是可以控制自己所处的环境和空间的，很多事情我可以通过自己的选择和安排来决定。

所以，我们经常听到媒体和专家讲：要给孩子时间和空间。这些给予孩子的时间和空间，就是用来培养孩子的自控感的。一个没有自控感的孩子，自然没有自我驱动力和自我激励能力。

（2）孩子睡得太少。

很多"80后"的家长可能还有印象，在我们还是孩子的时候，拥有的睡眠时间是远远大于现在的孩子的。随着科技的发展和普及，现在的孩子睡眠时间平均比我们要少2个小时左右。

有一项关于青少年睡眠模式的研究发现：超过50%的孩子每晚睡眠时间低于7个小时，而85%的青少年，睡眠时间低于常规建议的8—10个小时。

作业和智能手机算得上是剥夺孩子睡眠的主要原因。

睡眠不足会导致孩子的控制感减弱，好的睡眠是一切良性循环的基础，如同大厦的地基。但因为这件事太过于普通，也太过于频繁地出现在我们的周围，反而很容易被家长和孩子忽略。

科学显示，如果孩子睡眠不足，杏仁核会让他们的情绪更加容易波动。他们在应对外部的压力时，情绪也会变得更为脆弱。这会削弱孩子在日常生活中的灵活度，同时也会降低孩子的判断力和记忆力。

那么，孩子们到底需要睡多久呢？

世界顶级儿科睡眠研究员朱迪斯·欧文斯（Judith Owens）表示：一般来说，学龄前儿童每天需要10—13个小时的睡眠，其中包含一小时的午觉时间；6—13岁的孩子每天则需要9—11个小时；对于14—17岁的青少年而言，每天需要8—10个小时的睡眠时间。

除此以外，还有一些简单的判断方法，能够让我们确定孩子是否已经拥有了足够的睡眠。比如，看他是不是需要依靠家长，需不需要依靠闹钟就能自己醒来；在白天经过了一天的学习后到底累不累；在起床后有没有"起床气"。

我们可以依靠上面的三个指标，来综合判断孩子是否获得了足够的睡眠。

（3）孩子探寻得太少。

从20世纪80年代开始，大众文化越来越重视物质、外在、金钱、社会地位，忽略了对生活意义的探寻。孩子们受到此类社会文化的影响，也一直在拼命往前追赶，却可能不太清楚生活真正的意义是什么，这会让孩子出现迷茫感和失控感。

前段时间，网络上有一个社会调查数据报告表明，"00后"最向往的职业排行中，"网红"这一职业竟然名列前茅。可见在移动互联网时代，繁荣的泛娱乐行业带给孩子们的依然是浮夸虚荣的价值观的表象，这对孩子探寻内心世界真正的意义是一个极大的阻力。

父母可以在平时多和孩子沟通一些感性的话题，比如："人生的意义是什么？""人类的未来是什么样的？""如何让自己的人生更有价值？"我们不用担心孩子还小，对这类话题不感兴趣。我们只需要浅尝辄止，在孩子幼小的心灵里埋下思想种子，等待时机成熟，它会让孩子重新思考。

我们要相信孩子，相信成长的力量。

2. 父母如何帮助孩子获得控制感和自我驱动力呢？

（1）从纵向管理到横向顾问。

纵向管理是自上而下的管理方式，这种关系就像公司老板对待员工；而横向顾问有点儿类似于团队中的协同合作，这种关系是一种更为平等的合作关系。

我们可以回想一下自己平时对待孩子的方式，是不是很像老板管理员工？在和孩子沟通的时候，我们是不是在用老板的方式进行沟通？

比如，我们可能会对孩子说：

"你需要在9点前把作业写完哦。"

"宝贝，你今天10点要去上英语补习班，下午还有一个小时的钢琴练习课哦。"

而夫妻之间可能更像是一个横向的合作关系。老婆和老公说话一般是这样的：

"周日你有没有空？我们可能需要回乡下看一下父母。"

"马上就要评职称了，你的课题和论文准备好了吗？需不需要我找人帮你把把关？"

我们对待同样是家庭成员的孩子和伴侣用的是两种截然不同的沟通方式，而这会导致孩子认为自己始终是被管理者，无法产生更多的控制感和自我驱动力。"反正有人在时刻驱动我、管理我，我只要被动接受和执行就可以了。"这样的想法一旦在孩子心中产生，自然就会扼制孩子自我驱动力的发展。

孩子在遇到困难时，家长要告诉孩子：爸爸妈妈愿意提供帮助或者给出建议，但是自己的任务还是要自己完成。

我们要把上下级的纵向管理方式改为彼此平等的合作方式，为孩子的自我控制意识腾出生长空间，为孩子营造充满安全感的宽松的家庭环境，培养孩子的主动性，而不是事无巨细地管控孩子，徒增孩子的压力和焦虑。

（2）让孩子拥有选择的权利。

我们要鼓励孩子凡事自己做决定，让他们尽可能多地做决定。在孩子的成长和学习的过程中，提升能力的关键是改进解决问题的方法和增加解决问题的次数。而不是不犯错，不是完美地做好每一件事。

比如，关于周末的户外活动，父母可以问孩子："你是想我们全家一起去看一场电影呢，还是想去农家乐？"

此外，在孩子遇到问题或者犯错时，我们要带着同理心去倾听，为他们提供帮助，但不要质疑孩子做出的决定，也不要强迫孩子接受自己的建议。

比如，我们尽量不要说这种话："我早就跟你说了，你那个决定是错误的，看我说得没错吧，果然被你搞砸了。我看你还是按照我这个方式去……"

我们既然把决定权交给了孩子，就不要做"事后诸葛亮"，不要批评孩子的错误，也不要强迫孩子必须按照我们的意思去解决问题。我们可以先问孩子有没有解决方案，如果孩子有，我们可以倾听孩子的解决方案，可以在孩子的方案上进行优化调整。在孩子还没有想到解决方案的时候，父母才可以提供自己的解决方式，让孩子自由选择。

（3）不要给孩子制造焦虑。

孩子们往往在更为轻松的状态下，才会有更强的控制感，而控制感正是形成自我驱动的原始动力。

因此，在日常家庭生活中，父母需要控制好自己的情绪，处理好自己的焦虑、压力、愤怒，不要在家庭中任意释放这些负面情绪。因为这会让孩子感觉紧张、有压力，孩子在焦虑的环境下，时刻战战兢兢的负面心理不利于孩子形成控制感。

孩子需要父母提供抱持性环境，父母需要化解孩子的负面情绪。而在很多家庭中，情况恰好相反。控制不好情绪的父母，反而把在外部遭遇到的压力和情绪都释放在孩子身上，需要借由孩子来消化这些负面情绪，导致孩子在紧张、焦虑的情绪中限制了自己很多正向能力的发展。

（4）让孩子获得"心流体验"。

心流体验，指的是人们在专注做一件自己感兴趣，且刚好能够胜任的事情时，产生的一种极度忘我的、身心合一的绝佳体验。

最早的"心流体验"发生在体育竞技项目中。一些棒球运动员和篮球运动员在进入"心流"状态后，会忘记时间，甚至忘记自我的存在，身心合一地完全沉浸在比赛当中，发挥出最好的成绩。

孩子在专注做自己感兴趣的事情的时候，也时常会出现这种"心流体验"。目前主流的心理学家认为，"心流体验"对人的心理发展有非常多的好处，不仅能够提高专注度，让人们获得难以比拟的愉悦感，更能够让自己达到巅峰状态。

家长可以鼓励孩子做自己真正喜欢的事情，孩子可以通过积极参与自己喜欢和热爱的事情来自我激励，家长需要支持孩子对于兴趣爱好的深层次追求。

（5）让孩子学会准备应急预案。

孩子在决定一件事之后，父母可以问孩子一个问题："如果事情没有按照你的预期发展，你有没有备份计划？"

跟孩子一起准备一个 Plan B，能够有效地缓解孩子的压力，让孩子更放心、更投入地去做一件事。

孩子有了备份计划，就相当于没有了后顾之忧，可以全身心地投入目标计划当中。不被焦虑、压力打扰，不为失败的后果担忧，自然就能更有韧性，自信地完成目标。即便计划真的没有按照预期发展，备份计划启动后，孩子也能够驾驭失败后的混乱和不确定性，在进行短暂的自我激励后，重新上路，朝着预期的目标再次发起冲锋。

提高孩子的人际交往能力

尤瓦尔·赫拉利的《人类简史》里有一句非常著名的话："在现在及可见的未来，人们将长期处于一种高度协同的环境里，通过沟通合作创造更加辉煌的人类历史。"

人际交往能力也许是最能够体现一个孩子情商高低的显性指标。

孩子在成长过程中，每天都需要和他人交往，从他人那里获取信息，以及沟通协作完成学习和工作任务。未来的社会更需要具有较强的社会交往和活动能力的人才，孩子将借由较强的人际交往能力去实践社会活动，协调自己与他人、与集体的关系，从而勇敢地担负起家庭和社会的责任，成为一个具有更高情商的社会人。因此，人际交往能力的培养就显得尤为重要。

尽管孩子每天在生活中都能接触到人际关系，人际交往能力仍是需要学习和培养的。这能够帮助孩子在以后的人生中寻找良性人际关系，并有意识地发展此项能力。

1. 人际交往对孩子而言意味着什么？

成年人的人际关系非常复杂，展现的方式也多种多样，人际交往能力也高低不同。人们在工作和社交的过程中，很容易判断出一个人的人际交往能力，这也是大多数人判断一个人情商高低的重要指标。

而一个成年人的人际交往能力的高低，很大程度上依赖于孩童时期的培养。很多家长可能没有教过孩子如何提高人际交往能力，但家长展现出来的人际能力、家长和孩子之间的互动、家长和邻居及亲戚朋友的关系，以及平时言传身教的碎片化传达，都在给孩子传达着关于人际关系的经验和价值。这些也都直接或者间接地影响着孩子对人际关系的态度和能力。

孩子如果拥有优秀的人际交往能力，就会知道如何和陌生人接触，如何和对方建立一段关系，并且会选择性地把这段关系维持在一个特定的深度。孩子会根据一个人和自己的互动感受，选择一种双方都能感觉愉悦的关系。孩子可以自主决定对方的身份和双方的关系，是泛泛之交还是知心好友，是同事还是朋友，是知己还是更为亲密的伴侣关系。

由此可以看出，人际交往能力对于成年人来说，是取得成功的一项非常重要的能力。无论是工作上的协同合作，朋友间的情感依托，还是培养一段浪漫的恋爱关系，人际交往能力都会直接影响到这些关系的成败。

受家庭环境和遗传因素的影响，有些孩子天生就非常活泼外向，并且非常擅长处理人际关系。但有些孩子受到性格等原因的制约，发展一段良性的人际关系对他们而言非常困难，甚至是一种巨大的挑战。这些孩子可能天生比较害羞，也可能是没有机会在父母那里学到建立人际关系的正确方法，因此更需要人际交往能力的培养。

2. 影响孩子人际交往能力的因素

（1）独生子女家庭缺乏兄弟姐妹之间的互动，他们容易养成以自我为中心、骄傲任性等特质。很多时候，孩子不愿意"屈尊"和别人交往，更愿意待在自己的小世界里，不能够勇敢突破圈层，进入一个更加复杂的人际关系当中。

（2）智能设备的普及让孩子花在手机和平板电脑上的时间更多了，导致孩子习惯了被动地接受信息，缺乏人际交往能力，主动性受到一定的限制。此外，智能设备的广泛使用还会降低孩子的同理心。在最新的一项研究报告里，最近10年，美国大学生的同理心下降了40%。可见过度使用智能设备也是导致孩子社交能力减弱的一个诱因。

（3）先天因素：还有一项调查显示，随着剖宫产婴儿的增多，很多婴儿没有经过产道的挤压和挣扎，容易出现胆小、易怒、情绪起伏较大等问题。当然，剖宫产和顺产婴儿在性格上是否存在更多的差异，也是目前医学和心理学研究的前沿课题。从目前的数据上来看，争议仍很明显，结果仅做参考。

（4）父母家庭影响：很多家长在抱怨孩子太过内向害羞、不善社交的同时，要先对自己和家庭进行评估：自己是不是一个善于社交的人？自己身边的朋友多不多？自己的家庭是半封闭式家庭还是全开放式的家庭？

因为孩子在成长过程中，有很多行为是通过模仿父母完成的，所以很多孩子的性格特质都和父母有相似之处。如果孩子的社交能力很大程度上是因为受到父母的影响，那么，我们就需要和孩子一起进行陪伴式改变。

3. 如何培养孩子的社交能力？

（1）良好的性格基础。

2018年3月，上海市对12 000名中小学生进行同学、朋友受欢迎程度问卷调查。统计数据表明，在中小学生中最受欢迎的品质是：友善、乐观、才艺突出、乐于助人、喜欢夸奖别人并乐于分享。

结果显示，拥有以上一项或多项优秀品质的孩子，在社交方面会有更大的优势，而他们也往往能够在社交中获得更大的满足感和自信。

（2）必要的社交礼仪和整洁的仪容仪表。

对于孩子而言，社会地位和金钱不是衡量朋友的唯一标准，但是这不代表孩子们在选择伙伴和朋友的时候没有要求。即便是在孩子的社交圈里，也有着一套看不见的社交礼仪和规则。

小学生的友谊更看重忠诚，中学生更看重仪容仪表。

小学生在交友时最爱说的话是：我们要做一辈子的好朋友。初中生则常会讲：那位小姐姐看起来很好，我想认识她，和她成为好朋友。

（3）学会分享。

在交友的过程中，孩子们为了表达友谊，时常会互相交换心爱的东西。对于学龄前的孩子，父母不必刻意强迫孩子把喜欢的东西送给朋友。对于已经上学的孩子，父母则可以鼓励孩子通过交换礼物来增进友谊和拓展社交宽度。

比如，在同学过生日的时候，孩子可以送上自己精心挑选的贺卡，亲手写上祝词。这样的方法能让孩子跟原本不太熟悉的同学拉近关系，从而变成朋友。尤其是对方在完全没有想到的情况下，更有可能会对送贺卡的孩子产生好感。

值得注意的是：一方面，父母要给孩子灌输一种思想，即送礼送的是心意，不要攀比价格，最重要的是真诚的祝福；另一方面，孩子们对于价值的判断较为模糊，有时候会把自己较为贵重的礼品送给同学，换来较为廉价的玩具。这时，父母不必介入，也不要责备孩子。因为父母看到的可能只是商品的价值，而孩子们看到的是友谊。只要孩子心甘情愿，家长也不必过多干涉。

（4）不要嫉妒别人。

这是孩子受欢迎非常重要的一点。承认别人的优点并欣赏别人，能够让孩子交到更多的朋友。

一般而言，有两种孩子比较容易产生嫉妒心。

①时常被老师和家长表扬的孩子。这一类孩子是所有人眼中的焦点人物，比较容易产生"以我为尊"的骄傲心理，很难接受有人比他更优秀或者夺走原本落在他身上的注意力。

②平时得到的满足较少、不太自信的孩子。这一类孩子因为极度缺乏认可，对于比自己优秀的孩子，很难建立共情。

（5）学会倾听。

人在表达自我的时候，如果被倾听，就会产生被尊重的感觉。这是大部分人无法抗拒的愉悦感受。每个人都有自我表达的欲望，但很少有人愿意去做一个倾听者，这就造成善于倾听的人反而成为一种稀缺的社会资源。

在和别人交往的时候，我们可以注视对方的眼睛，身体微微前倾，面带友善的微笑，时不时地回应对方，多说"是这样吗？""那可真是太棒了""然后呢？""那你一定感觉很开心"这样简短的回复。这会让对方觉得自己受到了极大的鼓励和尊重，对倾听者产生好感。

当然，这些倾听的方式不是孩子们天生就会的，孩子需要父母进行指导教育。父母可以进行模拟沟通训练，让孩子掌握一些谈话的小技巧，让擅长与人沟通成为孩子的优势。

（6）让孩子学会自己处理矛盾。

在人际交往中，孩子与人产生争执、矛盾都是非常正常的事情。遇到孩子和别人产生矛盾的情况，家长先不要站在孩子的身前，替他处理冲突，也不能为了还孩子一个公道而直接冲出去跟对方起冲突。

大多数孩子之间的矛盾会自然而然地得到解决，双方冷静之后可能就会重归于好。父母的介入有时候会让孩子们原本不大的矛盾顿时上升一个高度，并让孩子感觉事态非常严重，进而导致孩子之间的关系产生更大的裂痕，一段友谊有可能就此破裂或者产生难以修复的裂痕。

孩子之间的矛盾，应该优先让孩子自己处理。我们可以先让孩子自己想两个处理方案，然后由家长来判断怎么做效果是最好的。

从更深层的心理角度来讲，有矛盾冲突的人际关系才是常态。如果一段关系没有任何矛盾产生，反而意味着这种关系只停留在了关系表面，所以也不会带给孩子更大的意义和喜悦。

4. 如何帮助内向和害羞的孩子？

美国的心理学家杰罗姆·卡根是专门研究害羞、内向的儿童心理的权威，他提出的观念是：家长要意识到，害羞、内向是孩子的天性，因此家长不必勉强孩子必须像其他孩子一样，至少不能心急。

害羞、内向的孩子在身处新的班集体、宴会、培训班等主要由陌生人组成的新的环境时，会产生强烈的精神反应，这种反应类似于成年人面对压力时的感受。

换句话说，新环境和陌生人会对内向的孩子产生一种压力。在这种精神压力之下，孩子不能清醒地思考，也很难从容得体地应对这些陌生的人际关系。小一点儿的孩子可能会紧紧抱着父母的大腿，或者拉住家长的衣角躲在家长身后。这种情况多少会让父母感到一些尴尬，很多家长会勉强孩子站出来，甚至会责备、呵斥孩子，殊不知这样会让孩子对陌生的社交场合更加恐惧和抗拒。

对待害羞、内向的孩子，家长需要更多的耐心，理解并帮助孩子逐步练习提升社交能力。比如：

（1）鼓励孩子在电梯里跟邻居打招呼。

（2）鼓励孩子做自我介绍。

（3）假装自己遇到困难，让孩子帮个小忙。

（4）鼓励孩子和其他孩子一起玩耍。

我们可以通过这些小事情，从易到难地帮助孩子逐渐建立自我信心，以及连接他人的意识。尽可能地让孩子感受到人际关系带来的愉悦感和社交的乐趣，让孩子在轻松自然的心态下，逐渐缓解害羞和内向的性格。

培养孩子的情绪认知与管理能力

美国有一项关于孩子情绪管理训练的实验项目。从1986年开始，实验人员对12 000名处于小学阶段的孩子进行分组训练。经过20年的跟踪调查，结果显示，那些接受过情绪管理训练的孩子在学业上、工作上都表现得更出色，在和朋友家人相处的生活中也更容易获得幸福感。

除此以外，根据家人的描述，接受过情绪管理训练的孩子，在日常生活中情绪更积极，表达消极情绪的次数更少，甚至他们的体质也得到了不同程度的增强，拥有更高的免疫力，被传染流感的概率变得更低。

经过科学界的验证，接受过情绪管理训练的孩子，拥有更高的情商水平。这些好处大都是因为这些孩子的"迷走神经"变得更加强壮。迷走神经位于大脑，负责人体上半身的功能，心率、呼吸和消化都由迷走神经提供动力。它能在人情绪紧张的情况下，调整呼吸和心跳，让身体适应压力，让人不至于情绪失控。

1. 情绪的认知

在教孩子学习情绪管理之前，我们需要让孩子先认清什么是情绪。对自己或他人的情绪有一个正确的认知，是孩子学习管理情绪的第一步。

我们成年人都知道，情绪是我们通过个人认知，面对环境做出的一系列反应。这些反应经由神经系统传达到人体，再由肢体语言和表情表达出来。

情绪控制能力强的孩子，对于情绪的回应速度和情绪复原能力都很强。

在应对令人较为兴奋的事件时，他的心跳会在短时间内迅速加快，但一旦事件宣告结束，他们的身体就能很快恢复到正常状态。这样的孩子更擅长安慰自己、平复心情，更容易集中精力，在关键时刻对情绪的把控能力和克制能力都会优于常人。

这样讲可能不太容易理解，我们用生活中较为常见的例子进行佐证。

很多家长陪孩子参加过学校的运动会，我也是一个孩子的家长，也常年担任学校的家委会会长。我在这么多年的学校运动会上发现了一件非常有趣的事情。

学校的运动会在一个大型的体育中心里举办，有各种体育竞技类的比赛。这一天不用上课，是孩子们较为兴奋的一天。我发现，在等待其他班级表演的时候，孩子们的表现是不一样的。

有些孩子会几个人聚集在一起，吃着带来的零食，兴奋地聊天讨论；有些孩子甚至会跑到其他班级的队伍里找认识的小伙伴。无论如何，运动会不是课堂，纪律对他们的约束力变小了很多。

但除了这些兴奋的孩子，总有那么几个孩子，在嘈杂的环境中不为所动。他们要么在认真阅读书籍，要么在预习第二天的课程。他们把运动会场激昂的音乐、呐喊声和加油声、到处跑来跑去的伙伴全部忽略了，似乎有一种天然透明的保护罩帮他们把一切干扰屏蔽在外，他们只专注于自己手上的书本和习题。

我并不提倡这种随时都在努力学习的做法，但对他们立即就能进入学习状态的行为佩服不已。这让我对他们很感兴趣，我想尝试继续观察，观察他们在经过剧烈的体育运动之后，在兴奋的状态下会如何表现。

经过仔细观察，我发现即便是轮到他们班级开始比赛，无论是拔河、接力跑，还是跳绳等剧烈的体育项目结束之后，他们稍作休息，喝点儿水之后，立即又恢复了专注的状态。

他们的兴奋情绪降温似乎比别的孩子快得多，其他的孩子还沉浸在刚才激烈的体力比拼中，热烈地讨论着刚才体育场里发生的细节时，那些情绪控制力更强的孩子已经平复了心情，进入了自己的专注时刻。

对情绪有着较高控制力的孩子，他们的"迷走神经"更为强韧，无论是对外界的诱惑和影响，还是紧张和压力，他们似乎都有应对的策略和更快的复原能力。

管理情绪，对压力做出正确回应，面对挫折快速复原，这种能力对孩子的童年甚至未来的一生都至关重要。情绪管理作为情商最重要的一部分，能够帮助孩子集中注意力、更专注于学习、知识的吸收效果更好。同时，孩子在面对挫折、压力和焦虑时，也有着更好的适应能力和平复能力。

除此以外，良好的情绪控制能力还能够促进孩子形成良好的反应力和自控力。

这是孩子在进行人际交往、社会活动、沟通交流、维持良好的友谊和社交关系时，非常重要的一项能力。

拥有情绪控制能力的孩子，在人际交往中能够很快占据有利位置，对其他孩子的情绪反应理解到位、及时体察并能快速做出正确的反应。即便双方发生激烈的矛盾冲突，他们也更明白如何控制自己的负面情绪，避免引发更大的争端。

我曾经在楼下的街心花园看到这样令人印象深刻的一幕。

一个四五岁的小男孩和一个跟他差不多大的女孩因为手里的玩具起了争执。男孩手里拿着"奥特曼"玩偶，想玩"奥特曼大战怪兽"的游戏。而女孩手里拿着"芭比娃娃"和一套玩具厨房，想玩"过家家"，甚至邀请男孩的"奥特曼"过来和她的"芭比娃娃"一起做饭。

男孩不能忍受自己心中的英雄和一个"芭比娃娃"一起做饭，因此两人争执了起来。在互相叫嚷了一些谁也不想听的话之后，男孩突然冷静了下来，提出了一个非常棒的建议：他建议让女孩的"芭比娃娃"自己在家做饭，然后假装遇到了怪兽的入侵，再由自己的"奥特曼"出场，打走怪兽，拯救女孩的"芭比娃娃"和她的厨房。

女孩想了想，觉得可以接受，反正"芭比娃娃"最后也能和"奥特曼"成为朋友。接下来两人就愉快地玩耍了起来。

坐在一边休息的我，完整地看完了这一幕，心里非常惊讶。一个才四五岁的孩子，能够在和别人争执的过程中迅速平复情绪，把矛盾搁置在一边，并想出了一个更为理想的新玩法，成功地把争议变成了同意，把争吵变成了友好，这是一种多么棒的情绪控制能力和沟通才华呀！

2. 情绪的管理

前面我们讲过，一个人的情商在一定程度上取决于他的性情，这是一种与生俱来的性格特质，但也可以通过与父母的互动进行后天的培养和塑造。

父母是影响孩子情商最重要的人，我们应该抓住每一个影响孩子情商的重要机会。从孩子出生开始，父母就可以教孩子进行自我安慰。当婴儿不舒服、紧张、害怕、无助时，父母只需要给予拥抱和安慰，就能让孩子自然地过渡到舒服、平静的状态。我们对孩子的情绪教育一开始是非常简单的，就是对孩子的情绪给予回应。

如果我们在情绪上忽略了孩子，被忽略的孩子就没有机会学习自我安慰。如果他们在害怕、难过的时候，父母还对他们视而不见，他们就会产生更多的害怕和伤心的情绪。这会让孩子在长大后变得被动，也不爱表达自己，因为在婴儿时期，他曾经尝试表达，但效果不理想。

父母在孩子的婴儿时期对孩子的情绪给予相应的回应，对孩子而言是一个非常好的学习机会。孩子会逐渐吸收并学习到这些，还会自动应用在自己身上。

我们见过很多孩子喜欢随时随地抱着一个心爱的娃娃，或者极其钟情某一个玩具，这些孩子实际上就是把父母的陪伴投射在了这些玩具身上。

孩子无法控制父母与他的短暂分离，可能是父母要上班，也可能是父母将养育责任暂时交给了爷爷奶奶。孩子会自己安慰自己，或者通过娃娃，或者通过依赖爷爷奶奶。无论如何，父母最初给予孩子情绪的回应是让孩子接受情绪控制的第一步。

当孩子独自一人的时候，他们就可以借助这些自己学到的经验，自己摸索着调整情绪，逐渐恢复平静，并在反复实践当中积累经验，为自己以后能够以一种更高情商的方式与他人共处或者交流做准备。

所以，不管是培养高情商的孩子，还是培养孩子的情绪管理能力，父母需要做的第一步，都是先了解自己，回想和复盘自己是如何处理情绪的，又是用什么样的情绪对待孩子的。明白了这些，我们就能知道应该用什么样的方式去影响孩子了。

（1）觉察到孩子的情绪。

有些父母对情绪有非常良好的感知力，能够体察到自己情绪的变化，还能敏锐地体会到孩子的情绪感受。我们一般会把这类父母称为"细心的家长"。

其实，孩子表达情绪的方式和大人是有区别的，他们有时候会模棱两可，有时候会含混不清，有时候会声东击西，这些都会让大人感到非常莫名其妙。

有时候，家长可能哪一句话没说对，就惹孩子不高兴了；有时候家长的一个眼神，都能让孩子伤心很久。在生活中，要完全了解孩子隐藏在言语中、肢体中、表情中的情绪，虽然确实不太容易，但值得我们尝试。

  彭璐家里最近添了二胎，为了照顾好小儿子，一家人都忙得不可开交。

  这时候，大女儿突然想让彭璐开车送她到学校，原因是公交卡丢了。

  彭璐不耐烦地给大女儿拿钱："丢了就再买一张，你都读四年级了还让我送，没看到我有多忙吗？"

  没过多久，大女儿跑步的时候摔到了膝盖。彭璐只能压着怒火，每天送大女儿上学，放学的时候由爸爸把她接回来。

  不知道为什么，彭璐在送女儿上学的时候，感觉女儿似乎特别开心，甚至有点儿兴奋过度。女儿坐在车上讲着学校的各种趣闻，甚至手舞足蹈地要翻出语文书给妈妈背课文，结果从书中滑出了两张公交卡。

  那一瞬间，彭璐和女儿都沉默了。

  彭璐似乎明白了大女儿的腿为什么会受伤。她突然鼻子一酸，把车子停在了路边，一把抱住女儿说："宝贝，是妈妈不好，最近一直忙于照顾弟弟，陪你的时间太少了。"

  女儿也哭着跟她道歉："对不起妈妈，是我骗了你，公交卡没丢，腿是我故意弄伤的。我也知道妈妈要照顾弟弟，特别忙，可我就想和妈妈多待一会儿……"

  母女俩抱头痛哭之后，坐在车里开始谈心。彭璐深刻地理解到，大女儿虽然已经读小学四年级了，但毕竟还是个需要母爱的孩子。而孩子也明白了，妈妈并非刻意忽略自己，只是一个人的精力有限，自己应该多帮妈妈分担一些。

  从那以后，彭璐每周都要送女儿去上学，而女儿放学回来以后，也第一时间接过弟弟，让妈妈稍微休息一下。两人通过这些小事拉近了互相之间的距离，用互相帮忙的方式满足了双方的内心需求。

"有段时间，我感觉女儿像是我的好闺密，她真的帮了我很多忙。"彭璐度过了那一段时间的忙碌期之后感慨道。

孩子和大人是一样的，所有的情绪背后都是有原因的。他们有可能是不太能够准确地表达，也有可能是在压抑自己，但情绪总是要找到突破口的，所以就会通过别的事情展现出来。

假如我们发现孩子因为一些莫名其妙的事情发脾气，或者情绪突然低落，那么我们就需要想想是不是哪里出现了问题。因为孩子不太可能会突然告诉我们："我觉得你们都不爱我了，你们每天都在围着那个小婴儿转，我就是个多余的人！"他也不太可能会直接告诉父母："你们不要为了一点儿小事就当着我的面大声吵架，我感觉又紧张又害怕！"

这些真实的想法可能会被他们隐藏起来，变成父母眼中奇怪的行为，比如，孩子突然开始暴饮暴食或者胃口不好、频繁做噩梦，或者假装肚子疼不想去学校，或者本来已经学会自己上厕所的孩子突然又开始尿床。这些身体上表现出来的状态，能够表明孩子最近正在经受焦虑、压力等情绪的折磨。

所以，当我们觉察到孩子的情绪时，最好的办法就是和孩子产生共情。把自己想象成孩子，站在他们的角度思考问题，而不是用我们大人的思维轻描淡写地说："不就是宠物狗丢了吗？时间长了就忘了。"

孩子没有大人的阅历，很多事情是他第一次面对和经历的，因此，孩子在事件当中的情绪会比大人更强烈。父母把心慢慢向孩子靠拢，体会孩子的真切感受，就已经完成了情绪管理训练的第一步。要让孩子明白，你懂得他的内心，跟他建立起了信任，接下来才能提供指导，解决问题。

（2）情绪爆发，机会来临。

一个孩子伤心、崩溃、生气、害怕等情绪爆发的时候，也是他最需要父母的时候。

如果父母能够在孩子悲伤的时候给予安慰，认同孩子的情绪，抚慰他的悲伤，孩子在逐渐恢复平静的过程中，自然而然就学会了如何安慰自己。

如果父母能够在孩子暴怒的时候，承接孩子的情绪，而不是因为感觉自己受到了挑战和冒犯，就用父母的权威对孩子进行镇压，那么，孩子的情绪发泄完之后，也会感觉到自己的失礼和父母的宽容。在这件事上，他同样也会学到如何宽容地对待一个暴怒的人。

我们在教育孩子如何学会情绪管理这件事上，一直有一个错误的观念，就是父母都在尽量避免孩子出现消极情绪，或者认为它即便出现了也会自动消失。其实不是，从心理学上来讲，情绪也是一种能量，同样恪守能量守恒定律，不会无缘无故地出现，也不会无缘无故地消失。

消极的情绪只有被孩子说出来，变成现实，被他人看见，被他人理解之后，才会逐渐消失。并且，情绪有叠加的特点，多个小小的不悦逐渐叠加，可能会变成愤怒的情绪。丈夫对妻子一次次的忽略，会引发妻子更大的不满。很多家庭问题实际上是因为点点滴滴的情绪没有被及时消除，从而累加起来爆发了更大的麻烦。

孩子也一样，有细微的情绪出现时，我们就要及时处理，而不是等它一步步升级。当孩子期末考试没有考好的时候，及时上前说出他的担心和焦虑；当孩子没有入选课代表竞选的时候，及时给予孩子鼓励。这些小的动作和关心都能让亲子关系更加亲密，让孩子明白：父母是和自己站在一起的，父母能够看见我，能够理解我，并且能和我一起并肩作战，解决很多问题。

所以，即便以后真的有什么大问题，孩子也已经做好了准备，准备好和父母一起迎接更大的挑战了。

（3）倾听孩子的心声，认可孩子的情绪。

很多父母在面对孩子的负面情绪时，会很紧张，急于知道孩子怎么了。

有时候，孩子也说不清自己怎么了，就是心情低落而已，但也有可能是因为孩子暂时没想好该怎么表达自己的情绪，于是父母就会着急瞎猜。

> 刚上初中一年级的欣欣回家之后，显得有点儿不高兴，把书包甩到沙发上后，就在一边生闷气。
> 妈妈见状赶紧过去问："怎么了宝贝？谁惹你不高兴了？"
> 欣欣皱着眉头，说："没什么。"
> 孩子一旦没有说出具体原因，就会导致父母更加紧张。
> 妈妈赶紧坐在孩子旁边，摸着她的背，继续问："是不是有人欺负你了？"
> 欣欣说："没有。"
> 妈妈上下打量着孩子，试图找出什么蛛丝马迹："那你这是怎么了？老师批评你了吗？"
> 妈妈的连续追问让欣欣很不耐烦。
> "哎呀，说了没有就是没有。"说完，欣欣转身回到自己房间，反手把门关上了。

想象一下，这是不是一段很常见的母女之间的谈话，而且时常以失败和无效告终？出现这样的结果，很大程度上是因为父母始终没有和孩子处在同样的位置和角度上思考问题。换句话说，父母没有学会倾听孩子的心声。

这里说的倾听并不是指单纯地用耳朵接受信息，而是能够感同身受地观察孩子的行为，敏感地发现孩子发出的情绪信号，并懂得站在孩子的角度体会他们的感受。

如何能够让孩子感觉父母和他在同一个频道上，让孩子更愿意敞开心扉和我们沟通呢？有一个简单的方法——"镜像映射法"。这个方法非常有效，父母不妨进行尝试。

我们还是以刚才的案例来说。

欣欣回到家之后,闷闷不乐。

妈妈看到之后,停下手里的家务,对欣欣说:"你今天心情不太好啊。你看,眉毛都拧成一坨了,嘴巴也翘得老高,一定是有人惹你生气了。"(不要提问,只描述你看到的,或者你感受到的,就像一面镜子做出描述。)

(说完之后一定要有耐心,要等待对方的回应,一定不要先提问。可以围绕着对方的情绪持续描述,但就是不主动提问,她会开口的。)

果然,欣欣等了一会儿,说:"舒涵不和我玩了,我现在在学校没有朋友了。"

妈妈说:"哦,这种情况我也遇到过,自己的好朋友疏远了自己,和别人成为好朋友,这种感觉真的很不好受。"

欣欣说:"就是,我很难过。"

妈妈抱住欣欣:"妈妈懂这种感觉,那你打算怎么办呢?"

欣欣说:"我也不知道。"

(这时候,父母要竭力忍住冲动,不能直接给孩子建议,不能说"没关系,过两天舒涵就来找你了""要不就别管她,重新找个新朋友玩就好了"之类的话。我们需要克制冲动,传递理解,并让孩子自己想出解决办法。)

妈妈说:"你没有做什么惹她不高兴的事情吗?"

欣欣说:"我想了很久,确实没有啊。也有可能是我自己没注意吧。"

妈妈说:"有可能你是无意之中让她生气了,你打算怎么办?"

欣欣说:"啊,我也不知道该怎么办了。"

妈妈说："需要妈妈帮你出出主意吗？"

欣欣说："嗯。"

妈妈说："我之前遇到这种情况，就什么也不管，过几天要不就是好朋友重新找我玩了，要么就是认识了新朋友，好几次都是。"

欣欣说："真的吗？"

妈妈说："嗯，孩子们在一起就像分子运动，短暂的分开，崭新的相遇。这些每时每刻都在发生，每天都有很多可能性。"

欣欣说："我还是希望她能回来找我。"

妈妈说："你也可以主动找她试一试。"

欣欣说："行吧，那我明天去问问她。"

从这个案例来看，妈妈首先是用共情的方式对孩子进行理解，把自己和孩子调整到同一个频道当中，让孩子卸下防备，打开心门说出自己真正的烦恼。接下来，妈妈开始引导孩子面对问题并解决问题，当孩子还没能够想到解决办法时，给出一个符合孩子处境的简单建议。这时候，孩子已经明白妈妈完全理解了自己的难处和情绪，所以对妈妈的建议也更容易接受。

父母如果想和孩子的沟通更为畅通，更容易理解对方，不妨在和孩子对话的时候，换一种表达方式。

比如，我们可以把"你怎么又不高兴了"改为"我发现你有点儿不高兴，发生什么事了"；我们可以把"你昨天是不是又在学校闯祸了"改为"我知道你在学校挨了批评"；我们可以把"是不是你把花盆踢烂了"改为"我知道你把花盆打碎了"。

……

我们可以把已经知道答案的问句，改为更直白的叙述句。我们如果带着不信任的语气问对方，似乎是在诱导孩子撒谎一样。所以我们要用直白的话语描述自己看到的、感受到的，这样能让孩子感到自己是被关注和被理解的。

（4）帮助孩子表达情绪。

在帮助孩子进行情绪管理训练的过程中，有一个动作非常简单，但很有效果，那就是帮助孩子认清情绪的名字。

因为我们的情绪是如此花样繁多，导致我们在经历这些情绪的过程中，不仅难以描述自己的感受，甚至连这些情绪的名字都不知道。这就需要我们对孩子的情绪进行描述和定义，帮助孩子认识它们，知道此时此刻他正在经历的情绪叫什么名字。

当父母看到孩子眼里的泪水夺眶而出的时候，父母可以问："你这时候好伤心，对不对？"

这样不仅能够帮助孩子理解自己的情绪，也能让孩子知道此时应该用什么词语来形容自己的情绪状态。

此外，经过科学验证，说出正在经历的情绪这种行为对神经系统有安抚和镇定的作用，能够帮助孩子更快地从情绪中平复。所以，孩子越能准确地表达自己的情绪，对自己的安抚作用就越大。

人类的情绪是非常复杂的，有时候同时袭击我们的情绪还不止一种，甚至是复合型的。比如，孩子在生气的同时，还有可能感受到愤怒、疑惑、嫉妒、沮丧、羞辱、尴尬等。孩子在伤心的时候，同时还有可能出现的情绪有空虚、郁闷、失落、被忽视感等。

帮助孩子认清自己的情绪，有助于减少孩子对情绪的迷惑。比如，在运动会颁奖的时候，和自己一起参加比赛的好朋友上台领奖，所有的同学都很开心，自己却有点儿难过。在这种情况下，孩子可能会在心底默默问自己："我这是怎么了？"孩子如果认清了情绪的多样性，并对它们的名字非常熟悉，就能够辨认出自己刚才可能是有点儿失落，因为自己没有得到运动会奖牌。

培养孩子的抗压能力与处理压力的能力

在亲子教育的过程中，培养孩子健康的心理素质是非常重要的一环。如何提高孩子的心理承受能力，让孩子拥有面对压力及妥善处理压力的能力，就是本章的核心内容。

以前很多父母对孩子面临的压力有些疑惑，经常挂在嘴边的一句话就是："小孩子有吃有喝有玩的，无忧无虑的能有什么压力呢？"

其实，这就是父母面对压力时常见的一个误区，即只有成年人才有压力，小孩子没有压力。

事实上，成年人固然要面对很多来自家庭、社会、职场及人际关系的各方面压力，但孩子也同样要面对来自父母、学校、课业、老师和同学的各方面压力。孩子和成年人尽管处在不同的环境中，但同样逃不开压力的困扰。

对于孩子而言，适度的压力能够在一定程度上激发孩子的积极性和进取心，甚至能够化压力为动力。但是，如果父母对于孩子正在面临的压力一无所知，孩子可能就会在巨大的压力下变得消极、抑郁，甚至产生更多的心理健康问题。

在我们正式开始培养孩子抗压和处理压力的能力之前，我们需要梳理一下，自己的孩子面临的压力主要来自哪里。要做到心中有数，才能更有针对性地培养自己的孩子。

1. 来自父母的过高期望

父母对孩子而言是一种权威的存在，父母对孩子的期望会转化成孩子努力的方向和目标。比如，父母期望孩子能够成为一个品学兼优的好学生。在日常的生活中，父母会不断地重复自己的期望，孩子也会尽力朝着这个方向努力。

对孩子而言，如果父母的期望超过了孩子的实际能力，或者跟他的个性、爱好或者兴趣相违背，这种期望就会变成一种负担、一种压力，会给孩子造成长期焦虑的情绪，让孩子一直背负着压力而无处释放。

比如，孩子目前的成绩处于班级的中等位置，而父母直接忽略了进步的困难程度，把对孩子的期望值定得太高，把考到班级第一作为孩子的目标，自然就会让孩子感受到一种可望而不可即的巨大压力。

同样的道理，如果一个男孩子天生活泼爱动，喜欢的运动是跆拳道，而父母出于自己的喜好给孩子报了钢琴培训班。这种和孩子性格、爱好相抵触的课程同样会给孩子造成心理压力。

什么样的期望才是亲子关系中最舒适的期望呢？

父母对孩子的期望值和孩子对自己的期望值应当是一致的。如果孩子一直以来的愿望是做一个研究历史的学者，而父母理性地分析了一下孩子的性格特征，发现孩子确实不善交际，且对历史有着浓厚的兴趣，那不妨调整一下自己的期望，和孩子保持一致。

此外，在对孩子进行语言评价的时候，不要只针对结果，应该对孩子努力的程度及解决问题的过程给予高度认可。

如果孩子给自己设定了期末进步10个名次的目标，但经过了一个学期的努力仍未达到，父母也要对他的努力加以肯定。或者即便孩子达到了，父母也不要只表扬他"你好厉害，真的达成了目标"，而是要说"我看到了你坚持不懈的努力，整个学期你都坚定地围绕着自己的目标在前进。这个过程非常艰辛，我很欣慰你做到了"。换句话说，即便你没有达到目标，你的努力也是值得肯定的。

2. 来自爱的压力

父母对孩子过度的疼爱和保护，同样也会成为一种爱的束缚。

如果一个孩子在家里受到多位家庭成员细致入微的照顾，一方面会剥夺孩子自我实现的动力，让孩子不能够通过一些自我习得行为获得成长中应有的成就感；另一方面，这样的孩子如果离开了家庭环境，进入学校、宿舍等需要自己动手、自己照顾自己的环境中，容易受到来自外界的批评和针对，导致他们产生巨大的心理落差。

> 有一个学员的孩子，已经两岁了都不怎么会说话，家长也一直找不到原因。后来教育专家和心理疗愈师经过综合分析才发现，孩子在成长的过程中，母亲的共情能力太强了，以至于孩子刚刚有点儿动作和表情，母亲就能够敏感地猜到孩子的想法，是冷了还是饿了，是不舒服了还是想要什么东西了。还没等孩子表达，母亲就已经满足了孩子的需求。
>
> 这样做的后果就是，孩子的表达欲望被极大地限制了。他不需要说话，也不用表达就能得到满足，导致孩子的语言能力一直得不到锻炼和提高。

这个例子告诉我们，孩子在成长的过程中，父母要尽可能地让孩子自然地完成属于自己的成长和蜕变，不要进行过多的人工干预，要学会克制自己对孩子强烈的保护欲和浓烈的爱。当孩子对父母提出要求的时候，父母要视情况而定，不要有求必应，先想一想是不是要趁机锻炼一下孩子延迟满足的定力。当孩子经受失败的时候，父母也不要直接给予解决方案，先让孩子自己想想办法，让孩子从挫折中自我恢复，顺便提高一下抗压能力。

3. 来自课业的压力

在我的印象中，我的女儿从小学三年级开始，几乎每天都在做作业，而且完成的时间刚好是应该睡觉的时间。我不知道老师们是如何精准地把握时间和作业量之间的关系的，总之，孩子放学回来之后，除了吃饭和短暂的洗漱，其他的时间都在做作业。

我想很多学生长大之后回想起学生时代，会发现很多当时觉得非常难过的事情已经成为过眼云烟。但是，即便是长大成人，我们也依然会觉得：当时的作业压力可真大啊！

不仅如此，很多孩子在作业上面临的压力有很大一部分来自父母。本身作业的压力已经让孩子感觉焦虑，父母如果没有扮演好一个辅导员的角色，而是作为一个监管者，时不时地提醒孩子："几点了？你还没做完？""你如果做不完就别想睡觉了。""我不管你了，你明天自己去跟老师解释吧。"这无疑会让孩子的作业压力倍增，无论是作业的质量还是进度都会受到很大影响。

父母在孩子的作业问题上，不要做一个监管者，要学会做一个辅导员。和孩子站在同一条战线，对孩子每天的作业进行全局分析，和孩子一起对作业进行统筹管理；根据孩子的性格特征，选择先做较难的数学，还是先做简单的语文抄写类作业；可以和孩子一起进行多种组合的尝试，选择最适合孩子的，同时也是效率和质量最高的一种做作业方法。

4. 来自社交圈的压力

父母作为已经离开学校许久的成年人，有时候很难理解孩子们为什么也会面临社交压力。其实，学校就是社会的缩影，有权威、有秩序、有校规、有圈层。孩子在学校面临的社交压力，实际上和成年人面临复杂的社会关系及职场关系几乎是一样的。

老师对孩子的评价、同学之间的相互评价和小圈子行为、朋友之间的关系维系，这些都会在无形之中对孩子造成社交压力。有调查显示，在面临社交压力的学生群体里，女生的社交压力比男生高出 1.5 倍。这是由于女孩子天生细腻敏感，她们可能更倾向于在关系中获得存在感，在同性的朋友之间得到更多的认可。当一段关系逐渐发生变化，无论是同学闺密的疏远，还是小群体有意无意的排挤，都会给孩子造成巨大的心理压力。

小菲是一个活泼开朗的初二女生，人际关系一直维系得很好，也是一个小圈子的中心人物，之前从来没有面临过社交压力。

但到了初二下半学期，学业的压力导致她必须放弃更多的社交时间，把更多的精力放在学业上，这就引起了几个好朋友的不满，中心人物的缺失导致她们的小圈子频繁发生关系摩擦。小菲一边要努力学习功课，一边还要帮助发生矛盾的朋友解决纠纷，这导致她压力倍增。随着在学业上投入的时间越来越多，原本属于小菲的圈子出现了另外的中心人物，大家开始抱团孤立她，并且在背后对她进行人身攻击和造谣，这让小菲不堪其扰。

小菲作为一个曾经的圈里人，瞬间变成了被排挤的局外人，遭遇了前所未有的关系危机和社交压力。由于缺乏处理这种关系的能力和经验，每次周末回家总是崩溃大哭，甚至一度请病假不想上学。

还好父母发现之后，及时干预。妈妈负责带小菲出去散心、逛街、爬山转移注意力；爸爸负责给小菲进行理性分析，甚至还和小菲一起制订了三套应对方案，最终，小菲鼓起了勇气回到学校。

当孩子遇到社交压力，家长要和孩子建立良好的沟通、交流习惯，站在平等的立场上先了解情况，再帮孩子梳理分析，最后提出自己的建议供孩子选择参考。至于孩子愿不愿意采纳，就看孩子自己的意愿了。

有时候父母知道孩子选择的解决方式不是最佳方案，但也不要强加阻拦，要给孩子试错、成长的机会。在问题不是特别严重的情况下，让孩子稍微碰碰壁对他也有好处。

解决孩子的社交压力，最重要的一点还是我们在之前章节里提到过的，教孩子学会尊重别人。只有这样，孩子才会同样受到尊重，遇到的社交压力自然就会小很多。

处理压力，父母需要让孩子知道的几件事

1. 人生岂能事事如意，要坦然接受失败

父母需要告诉孩子真实世界的规律。太阳不是银河系的中心，地球不是太阳系的中心，而我们也不是世界的中心，没有人有义务和责任事事迁就我们。

我们在做一件事的时候，总要以最好的结果为目标去做，但同时也要做好最坏的打算。真实世界中，失败和失望是一种常态，是一种正常的概率性事件，我们要坦然接受，积极面对。

尤其对孩子来说，失败和挫折甚至是一个孩子成长的必经之路。当然，父母在跟孩子交流的时候，也不用刻意美化"失败"，不要给孩子灌输"失败是成功之母"这类的话。失败就是失败，如果我们没有从失败中吸取教训，这样的失败就没有任何价值。只有我们从中学到了东西，失败才是有意义的。

我们面对失败最好的办法就是接受、放下、分析，然后再试一次。

2. 不必苛求自己，成长需要时间

父母大都认为自己的孩子是独一无二的，既然每个孩子都是特别的，那么每个孩子都有自己的成长节奏，有些孩子早熟一些，有些孩子始终保留着赤子之心。无论孩子的成长速度快或慢，父母都要给孩子足够的耐心。

有些孩子是麦苗，几乎一夜之间就长大成熟；而有些孩子是竹子，要用

很长的时间扎根，最后才迎来爆发性的成长。尊重孩子的成长规律，不要催促，不要比较，不然会增加孩子的压力和焦虑感。

有时候，孩子保留一份童真，也能收获不一样的快乐和幸福。无论是孩子还是成年人，大家都需要适当地放松。人生不是赛跑，也根本就没有"起跑线"这一说，所以孩子的输赢根本不在起跑线上，而在人生的终点。

3. 身体是成功的本钱，也是抗压的基石

很多时候，成年人的焦虑和压力，往往与不健康的饮食和不规律的作息时间有很大的关系。

当我们的身体机能下降，大脑里用来抵抗焦虑和压力的神经就会因为身体的不适而倍感疲劳，无法替我们阻挡外来的压力。当多巴胺分泌减少，人就会不快乐。

孩子也一样，做好饮食和睡眠的规划，加上适当的体育锻炼，让身体更加强健，孩子的抗压和抗抑郁能力会更强，这样才能更好地投入学习和生活中。

4. 负面情绪是人的本能，处理压力关键在于疏导而不是压抑

我们经常看到，当孩子委屈得要哭的时候，父母往往会对孩子说"坚强点儿，不要哭"，或者直接用性别来进行压制："你是男子汉，不能哭哦。"我们也经常看到，很多孩子为了成为家长心目中的好孩子、坚强的孩子，任凭眼泪在眼眶中打转也要拼命忍住不哭。

实际上，当孩子遭遇负面情绪，应该允许孩子有不良的情绪反应，让情绪自然流露，释放出来之后再解决问题。不要强求孩子压制负面情绪，即便孩子忍住不哭，或者压抑了自己的情绪，事实上，负面情绪并没有从根本上被排出体外。

成年人在安慰朋友或者同伴的时候，常说："实在不行你就哭吧，哭出

来就好了。"为什么成年人允许自己的同龄人释放，却时常让自己的孩子压抑负面情绪呢？这是一种很矛盾的做法。父母需要告诉孩子：你可以表露负面情绪，无论是愤怒、嫉妒，还是痛哭，都是被允许的。这件事本身并不羞耻，让孩子在事情发生后的 24 小时内自然释放情绪，也是处理压力的先行条件。

最后，教会孩子进行压力管理，就像我们为孩子做的健康管理一样，是父母的必修课。帮助孩子排解压力、快乐成长也是父母的责任和义务。

因此，正确地识别孩子的压力表现，对于父母来说同样重要。如何才能看出孩子正在经历焦虑和压力呢？父母要多关注孩子。通常而言，不同的孩子面临压力的时候会有不同的反应，作为父母应该总结规律，及时了解孩子对于压力的反应，以便在孩子出现"压力征兆"的第一时间就能够知晓。

但有些孩子面临压力时会有不一样的表现，或者说这些表现具有迷惑性，让家长很难判断出这是一种压力的应激反应，而错误地把这些信号当成孩子调皮或者不听话的表现，甚至会对孩子进行批评和训斥，导致孩子的压力指数级上升。

当孩子有以下几种表现的时候，父母同样需要注意，孩子有可能正在面临自己无法解决的压力。

（1）情绪反常，无理取闹。

假如孩子突然极度情绪化、喜怒无常，甚至蛮不讲理、无理取闹，或者出现另一种极端，比如无精打采、经常发呆等，那多半是因为他正在经受某种压力的折磨。正是因为孩子无法正确识别压力和焦虑，因此压力会直接通过身体和情绪表现出来。这种反常的"情绪化"和突如其来的"无理取闹"正是隐藏压力的直观表现。

（2）暴饮暴食，压力信号。

如果孩子出现暴饮暴食的行为或者做出一些平时很少出现的身体动作，比如咬指甲、揪头发、咬嘴皮、反复揉搓衣角等身体语言，这就是孩子正在经受压力的一种可视化信号。父母通过观察，如果发现这些动作在平时很少出现，或者突然加重甚至更加频繁，就需要及时和孩子进行沟通。

（3）攻击别人，频繁生病。

心理学上有一个共识就是"压力导致攻击"。孩子正在经受巨大压力的时候，有可能会出现攻击行为，具体表现为打人、摔东西、欺负小动物甚至自残。这种行为是由于孩子在经受压力之后，向下寻找发泄途径，无论打人、毁坏东西还是欺负宠物，都是一种愤怒的表达，是压力的外在表现，值得父母格外关注。

此外，心理健康和身体健康大部分是互相影响、互相关联的。假如原本挺健康的孩子，在某个阶段频繁生病，又没有具体的原因，那多半是因为压力产生的焦虑映射在了身体上，造成免疫力低下，所以孩子才频繁生病。有些孩子还会出现突然晕车等症状，这时候父母同样需要考虑这是不是孩子最近压力过大引起的精神紧张。

Part 4
家庭是孩子的第一所学校

倾听与认可

随着现代教育理念的不断升级，越来越多的家长开始意识到家庭教育对孩子的重要性。我们在主流媒体或是自媒体平台上，不断地看到一些耳熟能详的话，类似"家庭是孩子的第一所学校"或是"父母是孩子的第一任老师"这样笼统的概括性的描述。

几乎所有的父母都听过这样的"金句"和"鸡汤"，却鲜有媒体告诉父母，如何做好孩子的"老师"，如何成为孩子的"朋友"和"榜样"，更别提如何把家庭变成孩子的第一所学校。

也有些家长，为了培养孩子成才，不仅自己钻研、学习了大量的育儿知识和亲子沟通方法，还让孩子也跟着读一些快销类书籍，如《未来的你，一定会感谢现在努力的自己》之类的，折腾到最后依然有一种"看过了那么多道理，依然教不好孩子"的困惑和失落。

假如把所有关于育儿的、亲子教育的技能都摆在父母面前，只让他们选择其中两种技能的话，我建议他们选：倾听和认可。

1. 倾听是对孩子最好的回应，认可则能滋养孩子的生命

为什么倾听对孩子如此重要？

从心理学角度而言，孩子脱离母体来到世界，即成为一个独立的个体。孩子的内心需要这个世界的回应，需要这个世界听到他的声音。

婴儿最初用哭声和笑声来表达自己对世界的看法。当婴儿感觉到饥饿，他认为这个世界是坏的，要用哭声对抗这个坏的世界；当孩子饱腹和温暖之后，他认为这个世界是好的，会用笑容表达对这个世界的喜爱。

当婴儿能够发出"咿咿呀呀"的学语声，他就渴望能够得到回应。

我们看到很多父母或者爷爷奶奶辈的人，在听到孩子牙牙学语的时候，总是会情不自禁地模仿孩子的声音给予回应。孩子发出什么声音，大人就发出什么声音，仿佛两人之间真的能够进行交流一样。

目前我们也无法得知，人们在没有受到任何指导的情况下，从古到今是如何在全世界保持如此完美的统一，都在用这种方法给予孩子回应的。但我们知道的是，这对于一个婴儿是最好的回答。

我们模仿孩子的声音和语气回应孩子，就仿佛是在告诉孩子：我听到了你的声音，你和世界有了关联，世界对你有了回应，这个世界欢迎你的到来。

渴望自己被倾听，是藏在一个人生命深处的需求，这就是为什么所有的人都喜欢善于倾听的人。当一个人被真诚地倾听，他会感觉真实、安全、被接纳、被尊重。

在现实生活当中，家长作为孩子的教育者，一直以来都是观念的输出者，只顾一味站在自己的角度对孩子进行教导，却很少聆听孩子的心声。这就会导致孩子感到自己不被理解，对父母产生隔离感或孤独感。有些孩子在家长的纵向教育中学会了察言观色，懂得如何在父母情绪失控前调整自己的行为，看似非常有"眼力见儿"，实则孩子已经把父母当成了需要妥协和提防的另一方，形成了"讨好型人格"或成为彻底的"叛逆者"。

很多孩子会把自己关在房间里，不愿意和父母进行交流，对待父母的关心和询问也总是闪烁其词，不愿敞开心扉。尤其是在进入青春期之后，很多父母发现自己原本乖巧的孩子突然像是变了一个人，他不再跟父母说学校的事情，也不愿意跟父母讲他朋友的趣事，对待父母的各种问题，似乎早就有了一套应对方案，沉默、逃避、顾左右而言他。总之，孩子就像一块坚硬的石头，家长无论如何努力，也了解不到孩子真实的想法，只能在一旁干着急。殊不知因为无法了解孩子而产生的无力感和愤怒，只会让孩子把自己裹得更紧。

善于倾听的父母，在和孩子的相处过程中，会自始至终地保持一种和孩子平等的姿态。耐心倾听孩子的想法，不妄加猜测，不随时打断，不横加评判，不敷衍了事，和孩子之间随时保持着一种畅通的沟通关系，让自然的情绪在亲子关系中流淌。

2. 有效倾听的四大原则

要做好孩子的倾听者，我们需要注意和遵守一些原则问题。这些方法看起来简单易懂，但是它与很多我们的生活习惯、我们固有的行为认知和沟通方法不一致。因此，想要应用得当，还需要反复思考和练习。

这些倾听的方法如果能够被熟练掌握，你会发现它不仅仅适用于与孩子的沟通，在和自己的爱人、朋友、同事、领导的沟通中也同样适用，我们能够利用这些方法和他人建立更为良好的沟通关系。因为对人类而言，对于倾听的需求从婴儿时期到成年阶段，从来就没有减少。人需要被倾听，这一点从来就没有变过。

（1）尊重对方，集中你的注意力。

千万不要以为，我们坐在孩子面前听他抱怨或者长篇大论地讲述学校生活中的琐事就是一种倾听。不要因为对方是孩子，就觉得自己只需要装出一副在听的样子就行了；不要觉得反正孩子的谈话内容里也没什么重要的信息含量，我们只需要满足他的表达欲就好。

其实，即便是孩子，也能轻易地从我们的表情、眼睛、眉毛、坐姿中判断出我们是否真的用心在聆听他讲话。

我们能看到，很多时候，孩子兴致勃勃地给家长讲一些他感兴趣的事情。这些事情听起来确实很容易让成年人打瞌睡，比如孩子们之间的一些打打闹闹，某个同学的家庭近况，或者只是他喜欢的一个动漫英雄的故事背景，等等。

家长刚开始还是饶有兴趣地听着，至少假装是这样的。但随着时间的推移，家长的脑子里就开始想自己的事情，注意力开始变得不集中。很多时候当孩子问到一个问题，家长不知道孩子讲到了哪里，只能"嗯嗯啊啊"两句敷衍过去，或者挠挠头抱歉地说："不好意思，你刚才说什么来着？"

此时此刻，孩子可能就会突然对谈话失去兴趣。虽然孩子表面上并没有受到任何伤害，但父母的这种注意力不集中的行为如果频繁发生的话，会让孩子失去表达的兴趣，转而寻求其他倾听者。

其实，在孩子对日常琐事的表达中，也并非都是枯燥无用的信息。父母如果足够细心，就能够从孩子的表达中获取很多有价值的信息。比如，孩子在讲述他和小伙伴们在一起时的趣事，父母在听的时候可以忽略事件本身，而从中判断孩子对于友谊的看法，以及他真正的兴趣点所在，甚至能够从中敏感地意识到孩子的价值观是否有问题。

中国有句老话是"说者无心，听者有意"。只要父母有足够的耐心关注孩子，我们就能从孩子的一言一行中增加对孩子的了解，以便对孩子进行更好地培养和教育。

（2）倾听就好，不带批判思维。

有不少家长，在听孩子说话的时候，总是带着主观的偏见和评判。孩子还没说几句，父母就开始迫不及待地打断孩子，凭借着自己的猜测妄下结论，继而开始批评孩子。

> 孩子回家以后，情绪沮丧地对爸爸说："今天老师批评了我，让您明天到学校去一趟。"
>
> 爸爸下意识地一皱眉头："你又闯什么祸了？"
>
> 孩子说："我和同学打架了，他……"

爸爸一听就来气了，马上打断孩子的话，责怪道："你真是长能耐了，居然敢在学校打架了，平时我是怎么教你的？"

随后，爸爸自然是一番责备和训斥。

最后爸爸到了学校，和老师一起调查清楚才明白，其实是别的同学打架，孩子只是出于好心去劝解，结果陷入了混战，被当成了打架的参与者。

尽管后来爸爸也跟孩子道歉了，但孩子从此以后始终认为爸爸对自己不够信任，产生了一种想法：原来我在爸爸眼里就是一个喜欢惹是生非的人……孩子也不爱跟爸爸沟通交流了。

假如爸爸能够多一点耐心，没有急着用自己的惯性思维去评判对错，可能结果会完全不一样。

爸爸如果一开始听到老师要叫家长，就回应孩子说："你和同学打架了？这可不像你平时的性格啊，到底发生了什么事？"

孩子就会说："其实不是我打架，是同学打架，其中一个是我的好朋友。我担心他们出事，出于好心去劝架。结果不知道被谁推了一把坐在了地上，恰好老师赶了过来，以为我也参与打架了。"

爸爸说："哦，原来是这么回事啊。那你怎么不跟老师解释一下呢？"

孩子说："老师当时正在气头上，他不听我的解释。我想明天您去学校的时候帮我解释一下，我也在班里找一个证人，证明我当时确实没有打架，老师就应该会相信我了。"

如果家长进行了正确的倾听和沟通，孩子在讲述事情经过的同时，也会自己调整行为，尝试找出解决问题的方法，这对孩子而言也是锻炼自我解决问题能力的绝佳时机。

家长假如在倾听的过程中没有把握好自己的情绪，很容易就会让孩子失去一次这样的机会，甚至还会让亲子之间的关系由于不信任而产生裂痕。

因此，我们在倾听孩子说话的时候，要耐心等待或者主动引导对方说完，不要话只听一半就开始先入为主地进行批评教育。放下对孩子固有的偏见，诚心诚意地聆听就好。

（3）注意聆听，识别问题的症结。

通常，我们会认为一个人的言谈举止是他"性格"的一部分。一个人的言谈举止中，包含着他的情绪和性格。因此，父母如果能够通过跟孩子的交谈识别问题的症结，就能够对解决孩子的问题起到关键性的帮助作用，也能随时了解孩子的状况，做到心里有数。

我的女儿上初中二年级的时候，我通过她一个小小的举动判断出她可能早恋了。

每周五我都会按时接她回家，她上了车总是会第一时间拿我的手机，从网易云音乐上挑几首自己爱听的歌，然后连接车内的蓝牙，开始边听边和我聊天。

那天，她显得很开心，上车就问我认不认识一个很年轻的歌手。我说不认识也没听说过，她说那我向你推荐一首他的歌，非常好听。

当音乐播放出来的时候，我突然意识到不对，这是一首情歌。女儿以前特别喜欢听古风和二次元的歌曲，对情歌基本不感兴趣，我也从来没见她追星。

女儿一边听歌，一边眉飞色舞地跟我讲她很喜欢这个歌手，他虽然不是很帅，但很温柔，长得很像学校的一个学长。

听到这里，我基本上可以肯定，女儿早恋了。尽管之前就考虑到孩子有早恋的可能性，但事情来得太突然，我还是不禁有点儿小紧张。

幸好没过多久，我发现她听的歌又回到了洛天依的风格，我就知道这段恋情夭折了。

父母在和孩子沟通和相处的过程中，只要注意聆听，仔细观察，是非常容易看出孩子目前正在经历什么事情的。

假如孩子的喜好突然发生了变化，那他可能交了新的朋友，因为新朋友会对他产生新的影响。

假如孩子在一次交谈中，第三次提到了某句话，那这句话就需要父母仔细琢磨。这句话一定对孩子有着特殊的意义，父母可以展开引导谈话。

此外，通过聆听，我们还可以听出很多"弦外之音"，比如他曾经在哪件事上受到过伤害，需要父母进行抚慰。

（4）关注对方，但不要评论。

尤其是孩子在讲到自己和朋友之间产生了矛盾，受了委屈之类的事件时，我们只需要保持关注，让他继续这个话题就好，不用对这件事进行分析，也不要给他出什么主意。大部分时候，孩子们之间的友谊会呈现波状曲线，好三天，坏三天。

我们需要做的仅仅是听他抱怨，比如，孩子可能会抱怨自己平时对这个同学或那个朋友有多好，他有多珍惜这份友谊，对方却背叛了他，又交了新的朋友。

随着话题的推进，你只需要保持对话题的关注，适当地引导他回忆一下和这个朋友关系最好的时候就可以了。比如我们可以问他："你上次去海洋馆，不就是和他一起去的吗？"

孩子就会自然而然地想起自己和朋友一起去海洋馆参观的美好回忆。这些回忆会缓解他现在愤愤不平的情绪，让他逐渐平静下来，对朋友的抱怨也会减轻不少。

父母作为倾听者，在谈话过程中也不能处于被动接受的地位，可以通过短暂的回应或者提一些小问题来适当地引导话题，转移孩子的注意力，起到四两拨千斤的巧妙效果。

保护孩子的兴趣爱好

兴趣爱好对于孩子来说有什么意义？

兴趣爱好是一个人幸福感和快乐的来源之一。成年人对此应该深有感触，在经历了劳累的工作之后，进行一些兴趣爱好活动，无论是打网球还是打麻将，无论是唱歌还是看书，都是对自己身心的一种慰藉。

兴趣爱好能够帮助我们消除焦虑、缓解压力，起到调节身心的功能。此外，在兴趣爱好上我们更能获得成就感。有些兴趣爱好能够使我们掌握一项特殊技能，有些还能帮我们增加额外收入，甚至是很多人遭遇事业滑铁卢之后，重新开始的新起点。

失之东隅，收之桑榆，很多人在自己的兴趣爱好方面取得了巨大的事业成就。因此，尽快找到属于自己的兴趣爱好，对孩子而言也非常重要。它能够让孩子提前明白，自己的一生挚爱是什么，什么事情是他愿意为之付出精力和时间的，什么事情是能够让自己身心愉悦的。

良好的兴趣爱好不仅能够让孩子建立自信心，还能让他和更多具有相同爱好的人一起交流协作，拓展人际关系，增进友谊和同理心，对孩子的社交能力有着非常好的促进作用。

1. 兴趣爱好没有贵贱之分，只有健康与否

每个孩子都是独一无二的个体，他们拥有不同的肤色和长相，有着不同的性格特征，自然也会拥有属于自己的独特的兴趣爱好。

因为社会环境的影响、家庭教育背景的不同，孩子自然而然地会慢慢养成属于自己的爱好，且孩子的兴趣爱好是多样的。无论是比较常见的艺术类，如音乐、美术、写作、舞蹈、书法等，还是体育竞技类，如篮球、排球、乒乓球等球类运动，都有可能被孩子选中，成为他一时或者持续一生的热爱。

值得父母注意的是，并不是所有孩子的兴趣爱好都能够被父母接受。有些孩子的兴趣爱好会比较另类，他们可能会剑走偏锋地喜欢上古老的集邮，或者在某一次研学活动中突然喜欢上了研究昆虫，还有一些孩子已经不满足在地球上寻找爱好，而把好奇的目光投向了广阔的宇宙，狂热地爱上观测天体行星……

有些孩子的爱好确实有点儿奇怪，在亲戚朋友聚会的时候，他的兴趣爱好甚至不能够像别人家的孩子一样，能够用来展示。但是，作为父母，我们也要尽可能地给予孩子理解和支持，不要让孩子的兴趣爱好成为一种让他感到羞耻的存在。

在我小的时候，我对小动物的热爱简直到了痴迷的程度。我酷爱饲养各种各样的小动物，如猫、麻雀、刺猬、乌龟、金鱼。无聊的时候，我甚至还饲养过没有睁眼的小老鼠和泥鳅。因为这些事情，我没少被父母责骂。

我在饲养小动物这方面拥有绝佳的天赋，曾经把别人送给我们吃的兔子当成宝贝养了起来，等父亲出差回来的时候，我家的院子里已经繁殖了20多只兔子。

初中快要毕业的一天，父亲问我："快要毕业了你还不好好学习，你长大了准备干什么？"

我鼓起勇气说："我毕业了可以去养兔子！"

结果父亲愤怒地给了我一耳光，说："老子供你读书不是为了让你养兔子！"

当天他就把家里所有的兔子通通送了人，我从此再也没有养过任何小动物。长大以后，我提起这件事，还时常开玩笑般地责怪我爸，说他当年一巴掌打掉了一个优秀的养殖企业家。

当年失去所有的兔子让我悲痛欲绝，尽管随着时间的流逝，我对于父母的埋怨也逐渐消退，但成年后的我始终不敢饲养任何动物，可能还是因为内心对"失去它们"这件事感到无比恐惧。

2. 调节孩子的兴趣爱好和学习之间的冲突

毫无疑问，兴趣爱好会占用孩子的时间，甚至会对学习造成一定的影响。很多父母会陷入纠结，一方面明白兴趣爱好对孩子的重要性，另一方面担心孩子很难平衡兴趣和学习之间的微妙关系，导致学习受到影响。

我们在现实生活中或多或少都经历过，在某个阶段为了学习而不得不暂时放弃爱好这种事情。

其实，在很多国内外教育专家的眼里，兴趣爱好和学习之间的冲突并没有想象中的那样不可调节，更多的是父母单方面的焦虑。父母担心兴趣爱好会影响学习，一旦发现孩子的学习成绩下滑，马上就怪罪到兴趣爱好的头上，认为孩子的兴趣爱好挤占了学习时间，分散了孩子的精力，导致孩子学习成绩下滑。

没有经验的父母看到孩子学习成绩下降立即如临大敌，一般会简单粗暴地停掉孩子的兴趣班或者减少孩子在兴趣爱好上投入的精力。这样的做法轻则会打断孩子在一件事上的深度参与感和专注度，重则会让孩子有一种无法自我掌控的失控感，从而产生很多负面情绪。

孩子的学习成绩下降，不能够简单归咎于他的兴趣爱好。父母应该跟孩子进行深入沟通，分析学习成绩下降的真正原因，看到底是因为时间安排不合理，还是因为效率管理不到位，从而帮助孩子调整兴趣爱好和学习之间的平衡。

  大多数的心理学家认为，兴趣爱好能够让孩子分泌更多的多巴胺，在专注投入自己热爱的兴趣爱好时培养出的绝佳专注度，也是帮助孩子提升学习效率的好帮手。另外，有些竞技类的体育项目如果能够成为孩子的兴趣爱好，那么在这些竞技项目中，孩子能够学习到团队协作、人际交往的方法，甚至能够从体育中不屈不挠、永不放弃的精神中汲取养分。这种在兴趣爱好中培养出的良好品质，不仅不会影响学习，还能够帮助孩子学得更好、更高效。

  一个同事家的孩子，上下学的路上有家体育馆，孩子时常趴在体育馆的围墙外看里面的人进行武术训练，从而爱上了传统武术。

  那是一家开在三四线城市的体育馆，看起来破破烂烂毫无亮点可言，但本地人都知道，这个"其貌不扬"的体育馆里曾经培养出一位重量级的人物：两届奥运会跆拳道冠军陈中。

  在孩子的央求下，同事同意孩子在放学之后花两个小时学习传统武术，但也坚定地认为，自己的孩子从小就怕疼怕吃苦，一定坚持不了两个月。练习传统武术都是从枯燥的基本功和各种开筋开始，这个过程非常痛苦，一般的孩子都会在第一个阶段就打了退堂鼓。

  结果让同事没有料到的是，自己的孩子不仅坚持了下来，还因为绝佳的天赋后来者居上，成为教练最喜欢的好苗子。

  但好景不长，孩子转眼就到了小学五年级，作业开始多了起来，每天训练完了之后累得拿笔的手都有点儿哆嗦，常常是作业还没写完就累得趴在了书桌上。

  一方面是因为孩子学习成绩的下降，另一方面是因为心疼孩子，同事就自作主张地去找了教练，私下给孩子办理了退班的手续。

  那位教练非常喜欢这个练武的好苗子，后来再三找上门说情，三番五次地希望孩子能够重新回到武术队，并承诺以后把孩子推荐到省队去，还说孩子即便学习不好，也能走另外一条职业化的路子。

可是我的那位同事，依旧不顾孩子的哭闹和教练的恳求，毅然决然地拒绝了。

现在想起来，孩子学习成绩的下降，无非是因为体能消耗过大，导致学习时精力不集中，也跟孩子正在长身体，对睡眠的需求更加旺盛有直接的关系。

当时如果同事和教练商量一下，把训练和做作业的时间进行对调调整，或者让孩子在周六、周日进行集训，很可能就是另外一番景象了。

我见过那个孩子练武术的样子，神情专注，动作流畅，身姿灵动飘逸。我尽管不懂武术，但从中能够感觉到孩子对于武术的热爱和执着。我甚至时常在想，如果当时同事没有放弃对孩子的培养，那个体育馆里，会不会再次诞生一位为国争光的武术冠军呢？

从这个真实的案例来看，父母对于孩子一生的影响和塑造起到了非常重要的作用。父母的一个小决定几乎会影响孩子的一生，因此在对待孩子兴趣爱好这件事上，"支持"和"保护"是两个非常重要的关键词。

3. 如何保护孩子的兴趣爱好？

在孩子的兴趣爱好方面，父母需要更多的包容和理解。只要不是对身体或心理有害的，也不妨碍他人的兴趣爱好，我们都可以给予支持和鼓励。

兴趣爱好是孩子对抗焦虑和压力的一道壁垒，也是在孩子长大成人之后，能够给予他们心理慰藉的最后乐土，是一个人更鲜活、更立体的表现形式。

当然，孩子毕竟是孩子，孩子的兴趣是有一定可塑性的，并且在他的童年时期也较为不稳定。可能孩子今天还对画画非常热衷，可当你给他购置了完整的画笔套装，没过几天他却宣布自己爱上了钢琴。

因此，父母需要学会辨别什么是他真正热爱的、真正可以坚持的，适当对孩子的爱好进行引导，让一个健康的兴趣爱好成为孩子成长的沃土。

4. 不要批评孩子的兴趣爱好

既然兴趣因人而异，那么父母理应接受一个现实，那就是孩子的兴趣爱好可能和自己完全不同。我们需要学会区分，我们的兴趣是我们的，孩子的兴趣是孩子的。我们不需要让孩子爱上我们热爱的兴趣。

> 我有一个邻居，从小就非常喜欢武术，因此很早就把自己的女儿送去学跆拳道。在邻居的软磨硬泡下，孩子学了两年，最后还是没坚持下来。
>
> 后来，邻居又打算培养孩子踢足球，以完成自己可以和孩子奔跑在绿茵场上的梦想。可是女儿对足球这种需要身体对抗的竞技体育一点儿也不感兴趣。结果可想而知，这位邻居最后非常失望，放弃了对女儿兴趣的培养。
>
> 后来，女儿竟然阴差阳错地爱上了长跑和跳远，这让邻居百思不得其解。邻居经常在女儿面前批评和诋毁她的兴趣爱好，说一些"长跑好枯燥哦，又没什么意思"或者"跳远会让你的腿变粗，以后就不漂亮了"之类的话，让女儿非常不满。

父母应该接受，孩子是一个独立的个体，有自己选择的权利。既然孩子选择了自己的兴趣爱好，证明他们能够在这个领域里持续投入、愿意为之付出，我们就应该对于孩子的兴趣爱好予以支持和鼓励；即便实在做不到，也应该对孩子的选择表示尊重，不应该批评和诋毁孩子的兴趣爱好而让孩子承受更大的压力和焦虑。

5. 学会欣赏和参与

雨欣的爸妈是做蔬菜批发生意的，对艺术一窍不通。雨欣逐渐长大，喜欢上了弹吉他。家里并没有条件给她报昂贵的吉他训练班，雨欣就用自己的零花钱买了把便宜的吉他和几本二手的教程，甚至还在网上搜索教学视频，用几乎免费的方式，凭借自己的热爱，慢慢学会了弹吉他。

在音乐方面，雨欣的父母没法给予她更多的指导和帮助，但他们非常支持孩子，也很尊重孩子的兴趣爱好。两口子经常在忙碌了一整天之后，围在孩子旁边，听她弹吉他唱歌。尽管他们也听不太懂，但他们脸上欣慰的笑容、欣赏的目光就是对雨欣这个音乐爱好最大的参与和鼓励。

有时候，欣赏本身就是对孩子莫大的支持和鼓励。

父母可以对孩子的兴趣爱好表示好奇、表示想要参与，主动请教孩子关于兴趣爱好方面的专业知识，这样可以让孩子萌生更多的领域自信。一般而言，一旦谈到自己的兴趣爱好，每个人都会滔滔不绝地讲很久，而这也是增进亲子情感的非常好的方式之一。

除此以外，父母也可以抓住每个人都"好为人师"的习性，参与到孩子的兴趣当中。比如，孩子喜欢的是黏土制作，那么父母可以抽出时间，放下手里的事情，在孩子做手工的时候，帮忙打打下手。父母看着孩子忙碌的身影，即便没有太多的言语交流，亲子沟通也能在默默地协作当中进行。

6. 接受而不攀比

我们常说，人人生而平等。健康的兴趣爱好自然也是平等的，没有高低贵贱之分。并不是别人家的孩子的爱好是弹钢琴，就非常高雅有面子，而我们的孩子喜欢的是唢呐，就又老土又上不了台面。

　　我小的时候，最怕的就是过年过节，一大堆亲戚朋友聚在一起，各自带着跟我年龄相仿的孩子，非要来一个才艺大比拼。

　　二舅家的孩子会太极拳，就被二舅妈逼着当众打一套太极二十四式；三舅家的表妹会唱歌，就当众高歌一曲，引得众人拍手称赞。

　　没有什么才艺的孩子，居然会被爸妈拉着来跟我比身高。每当这个时候，我妈总是感觉很没面子，因为我的兴趣爱好和特长是养兔子，她总不能逼着我当场演示怎么给兔子接生一窝小兔子。所以，我妈总觉得我的兴趣爱好让她很丢脸。

而今的父母自然不会如此，但大多数父母的心里仍然会把各种各样的兴趣爱好下意识地划分为三六九等，就像刚刚提到的钢琴和唢呐、音乐和养殖，总是被分成"有面子"和"说不出口"两大类。

孩子的兴趣可以滋养他们的生命力。切忌把孩子的兴趣拿来与其他同事或者亲戚家的孩子进行攀比，这会让孩子对自己的兴趣产生怀疑甚至产生羞耻心。

家庭氛围很重要

研究数据表明：一个人绝大部分的心理创伤源于童年。原生家庭对孩子的影响在心理学领域中一直被视为一个极其重要的课题，家庭氛围对孩子的影响最长能够延续三十年。

家庭作为孩子童年时期最重要的生活场景，对孩子的重要性自然不言而喻。因此，才有了每个父母都耳熟能详的一句话——"家庭是孩子的第一所学校，父母是孩子的第一任老师"。

良好的家庭氛围能够疗愈孩子在学习、生活中的大部分负面情绪。它就像一个天然的加油站，在孩子受到挫折或有负面情绪的时候，能够及时接住孩子的负能量并悄然化解。

反之，负面的家庭氛围让孩子感到没有安全感、归属感。时常生活在动荡和不安中，会对孩子的心理成长产生极为不利的影响。

A女士是一位成功的职业女性。有一次她在心理咨询的过程中，讲述了一个自己的怪癖。

尽管这位女士是单身，但她一直非常热衷于买房，她几乎把自己所有的积蓄都用来买房了。在外人看来，她是在用房子做投资，实际上她买房时有个奇怪的特点。

和别人不一样，她对那种方方正正的户型通通不感兴趣，总是选择那些有着幽长走廊或者七拐八拐才能到达卧室的户型。

就连置业顾问都时常提醒他，这种奇怪的户型不好出手，也不太能够增值，但A女士就是喜欢这种户型，甚至就连她自己也想不明白，为什么自己一看到那种带有转弯或走廊很长的户型就很想入手。

直到她走进了心理医生的办公室，咨询师通过对她童年经历的全面了解，才发现她这种情况是小时候在家里严重缺乏安全感所致。

原来，A女士有一个非常强势的母亲。这位母亲为了能够时刻监控孩子的一言一行，从来不允许A女士关上她房间的门。

有时候，母女发生争吵之后，A女士想躲进房间里冷静一下。她只要一把房门关上，她的母亲就会勃然大怒，立即歇斯底里地对她的房门进行踢打和撞击，非要A女士把房门打开不可。

随着A女士逐渐长大，处于青春期的她对私密空间的需求更大了。但母亲无论如何都不允许她关上房门，甚至在一次激烈的争吵之后，叫来了装修师傅，拆掉了A女士的房门。A女士在这样的家庭环境下长大，变得极度没有安全感，永远敞开的房门将自己暴露无遗，这让她时刻处在一种被看见、被挑剔、被监视的家庭氛围中，隐私没有得到丝毫的保障。

这导致A女士在长大之后，总是对那种有着幽长走廊，或者拐几道弯才能进到卧室的户型很感兴趣，甚至有点儿欲罢不能，看到就想买下。因为在A女士的潜意识里，幽长的走廊和需要拐弯的户型能够阻止别人进入自己的卧室，能够给予自己更多的安全感，也能更好地保护自己的隐私。

这就是一个原生家庭带给孩子延续长达数十年的心理影响。在心理学中，这算是一个较为典型的能够说明家庭氛围对孩子成年后的影响的案例。

类似这样的案例还有很多，在一项大范围的社会调查中，有75%的成年人承认，自己在成年后的很多行为是受到了孩童时期原生家庭的影响。

创建良好的家庭氛围，对孩子的身心成长至关重要。一般而言，父母需要注意以下几点。

1. 情绪表达

原生家庭中，父母作为家庭的主要成员，表达情绪的方式会对其他家庭成员产生直接的影响，尤其是对年幼的孩子。

有些父母总是认为孩子还小，认为孩子听不懂他们在说什么，所以肆无忌惮地在家争论、争吵。其实孩子从很小的时候就能够通过父母表情的微妙变化辨别出父母的情绪，并且能够感受到恐惧、愤怒等负面情绪。

因此，如果父母在家当着孩子的面频繁争吵，孩子会从恐慌、害怕变得逐渐麻木，未来很有可能也会用同样的方式和伴侣进行沟通。因为孩子最早从父母那里学到的对待伴侣的方式就是如此。

话虽如此，毕竟父母也是一介凡人，同样会在工作和生活中遭受压力，不可避免地也会产生诸如沮丧、愤怒、焦虑等各种负面情绪。而家里恰恰是很多成年人释放负面情绪的安全场所，毕竟很多情绪不能在职场中表露出来。

其实，父母的负面情绪是可以通过沟通来适当发泄的，但要注意孩子的感受。在孩子面前无伤大雅地抱怨几句公司的上司，或者吐槽一下城市的交通状况是可以的，但如果涉及夫妻双方之间的情感问题或者家庭中的争议，就应该避开孩子，单独找个场所进行沟通。

比如，我们可以利用孩子做作业的空隙，跟孩子温和地说一声："我和爸爸到楼下散散步，15分钟后回来。"这样用一些小借口为自己提供一个更适合交流发泄的场景。

夫妻双方切忌当着孩子的面大声争吵，因为人在生气的时候往往会口不择言，甚至会对伴侣进行人身攻击，有时候不可避免地会波及孩子。比如，有些父母在争吵的时候往往会说："要不是因为孩子，这日子我早就不想过了！"这样的情绪化语言尽管说出来会很解气，但对孩子而言是一种极大的伤害。说者无心，听者有意，孩子会认为是自己的存在妨碍了父母，导致了父母的争吵，无形之中就会形成巨大的压力和焦虑。

> 前段时间，在网络上有一个非常火的视频。画面上一对男女在歇斯底里地争吵，旁边的沙发上还坐着一个 5 岁左右的小男孩。
> 夫妻之间的争吵越来越激烈，男的甚至开始动手打人，连续朝女人脸上扇了十多个巴掌，女人被打倒在地，哭得声嘶力竭。
> 从画面上来看，在父母争吵打斗的过程中，小男孩始终双眼无神，表情冷漠，目视前方，似乎在看电视。

从孩子的表情里，我们可以看出一种习以为常的冷漠和麻木，说明在这个家庭中，类似的场景已经出现过多次，孩子从最开始惊恐、害怕、哭泣，到最后变得自我屏蔽和麻木。我们可以想象，孩子在这个家庭中承受了多少压力，他的心理健康状况已经到了非常糟糕的地步，但父母似乎并没有意识到这一点，仿佛沙发上坐着的不是一个孩子，而是一个没有生命的毛绒玩具。

在家庭氛围的打造方面，父母只需要有一点点沟通技巧，就能够避免这样惨烈而失控的家庭纠纷直接出现在孩子面前。他们有时候只需要换个场景，比如在楼下小区草坪或者街心公园进行沟通，效果就会完全不一样。即便双方比较愤怒，在抵达约定地点时，愤怒也会消除一部分，并且在外界沟通，人会变得更加理性，不容易失控。

2. 待人接物

英国有一句谚语：孩子不一定相信父母是怎么说的，但一定会相信父母是怎么做的。孩子在成长的过程中，大都会模仿父母的行为方式。因此，如果父母想用语言教孩子明白做人的道理，却不肯为孩子做好示范，很容易让孩子感到厌烦，自然也起不到什么良好的教育效果。

在家庭教育方面，很多看起来"嘴笨"的父母，反而因为说得少、做得多，可以让孩子在耳濡目染的过程中学会很多。

这在孩子与人交往和待人接物方面时最能体现出来。如果父母能和孩子一同建立快乐和睦的家庭氛围，让孩子拥有安全感和归属感，那么孩子就会更加亲近和依恋家庭，也更敢于表达自己的想法，性格也会更加开朗外向。

父母可以时常邀请朋友同事到家里来聚会，孩子会观察父母在待人接物方面的种种表现，无论是给客人端茶倒水还是沟通中的嘘寒问暖，到最后礼貌地送走客人，这一系列的动作都会被家里的孩子记住并模仿。

经过几次这样的聚会之后，父母可以尝试让孩子带朋友到家里玩，顺便在没有任何指导的情况下，观察一下孩子是如何对待上门来玩的朋友和同学的。父母往往能惊喜地发现，孩子在与人交往和与人沟通的一些细节上，完美地复刻了父母的待人接物习惯，甚至还能做得比家长更好。

3. 生活习惯

良好的生活习惯是经过长时间的积累形成的。孩子有规律的作息习惯和合理的学习计划，同样也是经过父母的调整和父母长期潜移默化的影响，再加上父母适当的积极督促而形成的。

让孩子养成良好的生活习惯，依然需要父母的努力。父母开始养育孩子后，就应该做好生活规划，包括作息、衣着、用餐、卫生等方方面面的规划、安排，尽可能地合理安排时间，让整个家庭的节奏保持一定的规律。孩子在这种有规律、有计划的生活中长大，自然会形成一个良好的生活习惯，而这对孩子未来的生活有着极大的帮助。

多年前，女儿曾经带几个同学到家里玩，几个孩子进了家门之后，有着截然不同的反应，非常有趣。

A 同学到家之后，第一句话问的就是："阿姨，请问我可以先在餐桌上写作业吗？"

B 同学则笑嘻嘻地问："阿姨，我们可以先看一会儿电视吗？"

另外一个同学上来就问有没有零食和可乐。

出于职业的习惯，我判断 A 同学应该在家里养成了放学回去的第一件事就是做作业的习惯，因为长期以来的习惯导致了习惯性动作。即便到了同学的家里，她放学后要做的第一件事仍然是先做作业，这是很难改变的。

孩子们走了以后，我向女儿求证 A 同学的学习成绩是不是很好，女儿很惊讶地说："你怎么知道？她是我们的班长、学习委员。"

我参加学校家长会的时候，讲到给孩子创造良好的学习环境和规律的生活的重要性，另一位家长深有感悟，跟我分享了她的经历：

我是做生意的，孩子放学后只能在店铺里写作业，而店铺里人来人往的，这种环境让孩子没办法保持专注。生意忙的时候，孩子还需要去外面的银行帮忙换点儿零钱或者帮忙取货，这让孩子做作业的过程变得断断续续，导致孩子学习的专注度很低。即便后来店铺没有人来，孩子还是习惯性地往门口张望，或者抓耳挠腮，无法专注。

我听后点点头，确实是这样。在孩子刚读小学的阶段，对于专注度的培养是非常重要的。而专注度，是建立在一个极其有规律、有规则地生活秩序之上的。如果规定放学后 6—7 点是做作业的时间，那就必须恪守这个规则。在这个时间段内，不仅要给孩子创造优质、安静的学习环境，父母还要尽可能地配合。在这段时间内不要做会干扰到孩子的事情，比如看电视、大声聊天，也不要时不时地端着水果盘子给孩子送水果。有些看似宠爱孩子的表现，实则是打断了孩子学习的专注性和思考的连贯性的行为。

一旦确定了规律生活的秩序，更重要的是持续地保持下去，一以贯之。长期坚持规律的生活作息，才能够让孩子对生活和学习更有掌控感。

4. 爱与包容

家庭是爱的港湾，这句话并不只是指家庭是男女的爱情港湾，家庭同时也是孩子的安全港湾，是孩子成长的庇护所。

原生家庭氛围的好与坏，最重要的参考指标是家庭成员之间的爱和包容能否抵御外部的侵害。

作为家庭的一部分，父母往往会面临工作的压力、社会的压力和社交的压力，而孩子面临学业的压力、社交和成长的焦虑。无论是谁，总会面临林林总总的困难和压力，那么家庭就是一个能够把这些压力和焦虑隔绝在外的安全港。家庭内部成员通过爱和包容，相互理解、相互激励、相互帮助，共同消化负面情绪，使彼此重新振作。

在原生家庭中，如果想要营造更加良好的氛围，不可或缺的不是各种各样的技巧，而是家庭成员之间的爱和包容。

父母对孩子的爱，能让孩子感到安全、冷静，能消除孩子的焦虑感。夫妻之间的爱能够让彼此更有力量面对外部压力。孩子对父母的爱和依赖，是父母力量的源泉，是一种永不熄灭的希望之光。

如果爱是让家庭关系更和谐、家庭氛围更正向的能量发动机，那么包容就是世界上最好的润滑剂。无论是夫妻之间的包容和信任，还是父母对孩子的包容和支持，都是能够滋养家庭成员的阳光和雨露，更是减少家庭成员之间摩擦最好最有效的方式。

爱和包容，是一个原生家庭拥有积极正向氛围的原始基石。有了爱和包容的存在，即便忽略了所有营造家庭氛围的技巧，这个原生家庭的氛围也坏不到哪里去。

加餐时刻：如何打造积极正向的家庭文化氛围？

随着医疗条件、物质生活条件的不断提高，中国人的平均年龄也在逐渐增加。就拿现在来说，很多家庭已经从三口之家变成了带有爷爷奶奶的五口之家。

在过去的70年里，中国创造了人类历史上前所未有的奇迹。我们用几十年的时间，超越了发达国家用了几百年才实现的发展历程。在快速更迭的生活中，科技的进步、文化的冲击都给我们中国的普通家庭带来了全新的挑战，上一代人和下一代人之间的文化鸿沟越来越大，鸿沟产生的速度也越来越快。

在五口之家的原生家庭里，爷爷可能还是经历过战争时代的老人，习惯用看报纸和听收音机的方式获取资讯；而爸爸妈妈是读过大学、出国旅游过、在科技公司上班的高才生；家里年纪最小的孩子，可能已经学会用稚嫩的小手在平板电脑和智能手机上滑动，通过动画片和游戏来了解这个世界。

所以，在这样一个三层结构的原生家庭里，如何才能建立起更加包容，互相理解的家庭氛围呢？

这里引用一位企业咨询顾问的崭新观点来探讨这个问题，父母可以适当借鉴。这位企业顾问曾经帮阿里巴巴、苹果这样的大型跨国企业打造过公司文化氛围。他认为，用企业做文化建设的思维，同样能够解决家庭里的隔代沟通问题。

找到沟通的舒适区

很多家庭问题本质上都是沟通问题。企业也是一样，经常需要跨国沟通，大家的文化、信仰、生活习惯都不一样，很难站在对方的立场上考虑问题，这就导致在沟通时存在很大的障碍。

这就跟我15岁的女儿和她的爷爷无法沟通二次元动漫是一个道理。如何突破沟通障碍？简而言之就是：从对方关心的角度来讨论问题。

下面我举个例子：

孩子从学校回来之后，告诉你他在学校打架了。

很多父母听到之后马上就会跳起来说："你怎么能打人呢？我平时是怎么教你的？"

听到这种话，孩子可能会感到很失望，因为你没有关注到重点问题——"他为什么要打人"。你只关心这件事给你带来的麻烦，孩子以后可能就不会跟你说真心话了。

那我们面对这种问题，应该怎么做呢？

我们应该先跟孩子站在同一条战线上，皱着眉头说："能够把你惹毛，并且让你动手打人的家伙，一定很讨厌吧？他怎么惹到你了？"

这句话是直接站在孩子的立场上来讲的，沟通的桥梁立即搭建完成，孩子一定会说："对，他就是非常过分，我本来好好的……"

我们在和孩子沟通时需要注意这些问题，跟老人沟通同样不能马虎，不能因为那是我们年迈的父母就敷衍了事。

下面举个例子：

家里的老人大都经历过苦日子，因此他们非常节约，舍不得花钱，经常会跟子女在花钱的事情上爆发矛盾。

既然父母的价值观是省钱，那我们在说服老人花钱或者家庭有较大开支项目的时候，要从省钱的角度和父母沟通。

我给父母买商业保险的时候，因为父母年迈，适合他们的保险已经没有返本型了，大都是交了就无法回本的消费险。父母觉得这就是乱花钱，因此极力反对。

我劝他们："你看，人老了，谁能保证没个大病小灾的？这笔钱看似白花了，其实以后能给我们省下更多的钱。你看隔壁老杨，如果他当时买了这一年才一千元的保险，他现在住院花的十万元，不就省下了吗？"

用这种方式和父母沟通，老人就会觉得现在花的钱是为了以后节约更多的钱，依旧达到了老人本身省钱的目的，他们就很容易接受了。

良好、无阻碍的沟通是家庭和谐的第一步。接下来，还需要打造家庭的文化氛围，让不同时代的家庭成员拥有共同的价值观，用共同的价值观来创造出更具有凝聚力和向心力的家庭氛围。

和公司企业一样，为什么很多企业都有一套自己的"企业理念"和"价值体系"？其实就是为了让集体内部的成员处在统一的文化体系中。

古时候稍微讲究一点儿的大家庭、家族都有自己的"家训"，尽管有的只是短短的一个词语，却是整个家庭共同认可的、积极向上的价值观，比如仁爱、笃定、诚信。

这三个价值观关键词，也是有轻重缓急之分的。既然把"仁爱"放在第一，那么很显然，这个家族最为看重的就是家庭成员的博大胸怀和仁爱之心，其次才是笃定的信念，最后是在做任何事情的时候，都要以诚信为准则。

假如你的家庭设置的价值观中，是把"独立"放在第一位的，那么全体家庭成员对下一代的教育，可能会更加重视独立能力的培养。比如，从小就要让孩子自己睡觉，孩子长大一些便做一些力所能及的家务，父母也会觉得自己不必全面负担孩子的供养，更没有照顾孙辈的义务，彼此之间的界限会变得很清晰。每一个家庭成员都会遵循"独立"的原则，尽可能地把"独立"放在家庭的第一位。

那么，我们通过良好的沟通，在全体三代人的共同商定下，制订了家庭的核心文化后，接下来该如何执行呢？

其实我们也可以参照公司的做法。公司常用的一些手段有外出团建、每周茶话会、年会等。这些活动都需要集体参与，而且还很规律。

在家里其实也可以营造这样一种仪式感。比如，每周日固定开家庭会议，这个家庭会议可以由专人来主持，有固定的一些议程，比如分享本周的家庭故事、爷爷奶奶讲故事、一起吃蛋糕或者和孩子玩游戏。

写到这里，我突然想起我们家的一条不成文的规定。

从我和弟弟到外地读书开始，无论是暑假还是寒假，无论在外面如何玩耍，在临行的前一天，都会不约而同地留在家里陪爸妈看一会儿电视，然后听爸妈交代一些注意事项。这个活动甚至一直持续到我结婚之后，才逐渐停止。

实际上，由于家庭成员比较随意，可能在刚开始大家都会觉得很无聊，也不愿意配合。在这种情况下，我们可以把这些活动、仪式变得更加具有趣味性。

首先，我们可以选择不同的地点来举办这个活动。如果在家里觉得无聊的话，可以在周末去郊外野餐的时候，或者在山顶露营的时候来举办，大家可以短暂地丢掉电子产品，在更为惬意空旷的环境下召开家庭会议。

其次，把孩子当成一个沟通的重要渠道。让孩子做家庭会议的主持，提前让孩子准备一下发言的内容，或者让孩子作为家庭会议的第一个发言人。这些还能培养和锻炼孩子的主持和语言表达能力，也不失为一个好机会。

最后，把每周的好消息统一留在家庭会议上公布。比如，在会议上宣布要给孩子涨零花钱啦，爸爸周三升职了，下周姑妈要来看望我们了，等等。让这个家庭会议变得更有期待感。除了这些，还可以互相赠送礼物、互相颁奖，让家庭欢乐的氛围更加浓厚。

如何正面管教孩子？

提到子女教育，所有的父母都会认为这是一件非常重要的事情。

但就是这么重要的一件事情，我们在生育之前，竟然没有任何人教过我们任何技能。如何面对一个新生命的诞生？如何和这个不会说话却有各种需求的新生儿沟通交流？如何面对一个宛若天使的孩子突然进入了可怕的叛逆期？

大部分的父母第一次面对一个新生命的诞生，对孩子的教育和管教方面的认知几乎为零。面对自己的孩子就像是一个刚毕业的外科医生，拿着手术刀告诉病人："我非常爱您，但我技术很差，在手术过程中我可能会犯错，但请您相信我。"我相信很多病人听到这话，都会吓得夺门而逃。

所以，全世界的父母都亟须一套能够适应各种孩子的教育方法，这种方法最好简单有效又能快速上手。最重要的是"无副作用"，对孩子只有好处没有坏处。

这个世界上真的存在这样完美的教育方式吗？我相信是没有的。但是，有一种非常接近的教育方式，那就是"正面管教"。

最早提出正面管教理念的是一位奥地利心理学家，也是个体心理学的创始人阿尔弗雷德·阿德勒，他和自己的学生——美国心理学家鲁道夫·德雷克斯一起把亲子教育观念和科学的正面管教方式从欧洲引入了美国。

他们的教育理念目前得到了全世界的认同，他们主张：要给孩子足够的尊重，溺爱和纵容不是一种鼓励。无论是在学校还是家里，包括父母、老师在内的教育者都应该始终如一地用和善而坚定的态度进行正面管教。

后来,随着对这个教育理念研究的不断深入,它逐渐被大众接受,美国心理学家和教育家简·尼尔森将阿德勒的教育理念发扬光大,并形成了一套完整的教育理念和方法,在全世界一百多个国家里开始流行起来。

1. 到底什么是正面管教?

正面管教理念的核心关键词非常简单,就是"和善"与"坚定"。孩子只有生活在和善、坚定的氛围里,才能培养自律能力、责任感、合作沟通能力和自我解决问题的能力。

其实说白了,它就是一种既不过分强调严厉也不过分骄纵的教育方法。"和善而坚定,委婉而坚持"是它的理念基石。

听起来非常简单是不是?其实做到这一点还是有难度的。很多父母一旦看到孩子犯错,立即就忍不住发火了,这几乎是一种本能的反应。所以,对父母而言,要先学会如何正确地面对犯错的孩子。

除此以外,我们还要讲的一个重点就是,要了解孩子犯错背后的底层逻辑是什么。犯错实际上是孩子在表达自己的心理诉求,不是所有犯错的孩子都是坏孩子,家长要明白这些行为背后的真实目的,才能做出最合适的应对。

明白了孩子很多错误行为背后的真实原因,我们接下来才能解决问题和纠正孩子的错误。最后一步,我们要学会相信孩子,尊重孩子,不要对孩子过多地指手画脚。不要跟孩子说这也不能做,那也不能行,而是应该让孩子勇敢尝试,并且教给孩子解决问题的方法。

2. 孩子犯错,家长可以惩罚吗?

在我们中国传统的教育文化里,惩罚策略或者惩罚教育几乎无处不在。从很多流行数百年的民间俗语中就可以窥见一斑,如"棍棒底下出孝子,黄荆条子出好人""不打不成才"等。

这些流传的古语会让很多父母觉得，用惩罚的方式能够很好地管教孩子，让孩子变成人才。从一定程度上来讲，惩罚确实能够起到一定的作用，即便是正面管教这个教育理念的创始人也这么认为，惩罚能够制止一些孩子的不良行为。但惩罚不能作为长期频繁使用的教育方式。很多家长在利用惩罚进行阶段性教育的时候，总是感觉自己找到了教育孩子的真理，懒惰地选择了这种看似简单有效的方法。

其实，惩罚一旦频繁、持续发生，会引发一系列的恶果。从长远来看，惩罚会导致孩子出现四种负面反应：愤恨、报复、叛逆和退缩。

这些负面反应未必是孩子有意识的行为，但他们会在潜意识里用以上四种方式的一种或者多种来回应家长的惩罚。比如，一个孩子长期遭到父母的批评和责骂，他可能潜意识里认同了父母的观念，认为自己就是一个天生的坏孩子。一旦有了这样的心理暗示，孩子可能就真的会按照"坏孩子"的行为模式来做事，最终有可能变成一个真的坏孩子。或者为了寻求别人的认可变成讨好型人格，进而变成一个没有主见、唯唯诺诺的人。

所以，家长需要明白惩罚的双面性，传统教育方式中的惩罚不能频繁和长期使用，因为从长远来看，这对孩子是有害的。

家长尽管已经成年，距离自己的童年已经很遥远，但还是可以通过一些自己童年时期被惩罚的记忆来回想一下。自己遭遇激烈批评的时候，心底是否真的对父母充满感激，发誓以后要好好表现？

我们在遭遇批评的时候，态度大都是排斥的。即便批评我们的是父母，或是老师，也不能缓解我们遭遇批评时产生的羞耻感和焦虑，其中甚至还带有愤怒。尽管有时候确实是我们自己的错，但等到确实明白是自己有错或者怀抱对父母或老师批评的感激，也是过了许久之后的事情。

当然很多父母也知道，对于孩子不能太严厉，也不能太娇惯，但又不知道有什么办法可以平衡其中的关系，于是就在两种办法之间左右摇摆，经常是刚把孩子骂了一顿，第二天感到非常内疚，对孩子又开始各种娇宠。

那么，正面管教的教育理念，是如何改善以上提及的父母们在教育中出现的矛盾的呢？它是以互相尊重和合作为前提和基础，把和善和坚定融为一体，然后在孩子能够自我控制的基础上，再培养孩子的各项能力。

为什么要以和善与坚定作为教育的基石呢？原因在于，和善代表家长对孩子的尊重，而坚定是为了帮助家长建立和维护自己的权威，同时也能对孩子抱有尊重事实的态度。

严厉的管教方法缺失人情味，而骄纵的教育方法缺少坚定和立场，所以和善而坚定是正面教育理念和其他教育理念不同的地方。

我举个例子：

> 读初中一年级的女儿回到家里跟妈妈抱怨，说班主任老师在课堂上当众批评了她，而且是不听解释、不分青红皂白地批评了她，她感到非常委屈。

作为妈妈，这时候应该怎么办？坚信老师没有误会孩子，事出必有因，孩子肯定是犯错了，所以要再批评孩子一顿吗？

这样显然是不行的，毕竟孩子心里已经很委屈了。再说，孩子愿意跟妈妈倾诉这件事，证明她相信自己的妈妈，想要在妈妈这里寻求一种心理安慰。如果妈妈也不分青红皂白地批评她，会让孩子更加难过，毕竟连自己的妈妈也不信任自己，这对孩子来说是一种极大的心理伤害。

那么，全然相信孩子，认为老师确实不应该当着全班同学的面批评自己的女儿，甚至带着孩子去找老师理论一番，和老师争论一个高低？这样的做法也不利于孩子以后的学习生活。

这样两难的情况下，正面教育里有一种"四步法"的解决方案，或许可以给家长一些启发。

第一步：表达出对孩子的理解。

在孩子已经被老师批评的情况下，她的心里肯定很难过，这时候妈妈就不要再指责她了，而是应该换一种态度，就是我们在前面讲过的"共情"心理。妈妈要用友善的语气告诉孩子："妈妈能理解，当着那么多人的面被老师批评，你肯定非常难过。"

这一步先表达出对孩子的理解，也就是要先"看见"孩子的情绪。

第二步：表达对孩子的同情，但不评价对错。

妈妈可以接着说："我在读书的时候，也曾经因为一些小事被老师当众批评，那种感觉真的有点儿丢脸，很尴尬。我知道那种感受，我真同情你。"

在这一步，妈妈除了理解对方的感受之外，又往前递进了一层情绪，表示对孩子的同情，这会让孩子感到更有认同感。

妈妈只是表达了自己对孩子的理解和同情，没有对这件事本身的对错做更多的评价。在没有弄清楚事情的来龙去脉之前，要保留意见。

第三步：表达自己的感受。

在明白了妈妈能够理解自己之后，孩子会更愿意向妈妈倾诉事情的来龙去脉。原来，女儿在课间发现有两个同学在争吵，而自己为了劝架被卷入了纷争，被闻讯赶来的班主任老师误会，把她也当成了吵架的一员，对她进行了批评。

明白了事情的真相之后，妈妈就可以进一步表达自己的感受了："宝贝，妈妈在你这么大的时候，也遭遇过误解，也误解过别人，甚至这种误会在成年人的世界里，也经常发生。我一般都会在合适的时候找到合适的机会，想办法把这个误会解开，让对方明白真相的同时，也尽可能地原谅对方。"

妈妈在表达自我感受的时候，实际上是在引导孩子转移这件事情带来的负面情绪，把话题和思路引导到如何解决问题的层面上去，也用自己的示例给孩子一个参考，但不用强迫孩子非得按照家长的方式处理。

第四步：让孩子自己解决问题。

在这个步骤中，妈妈可以问问孩子，准备如何解决这个问题。是找机会跟老师解释清楚，还是把这件事情彻底抛到脑后选择忘记，这都取决于孩子。

当然，在孩子说出自己的解决方案之后，如果孩子的解决方案更为妥善，妈妈就要相信孩子，鼓励孩子按照自己的计划解决问题。

如果发现孩子的解决方案不是很完美，那么妈妈可以给出优化和改进意见。

这就是直面问题和矛盾，正面教育的典型做法。

为什么鼓励孩子自己思考解决问题的对策？一方面是给予孩子足够的尊重，另一方面也是锻炼孩子面对问题、解决问题的能力。

经过这四个步骤，孩子既得到了妈妈的认可，也通过再次描述当时的情景发泄了负面情绪，还能学会为自己的行为承担责任，为自己遇到的问题思考解决方案，可以说是一举多得。这就是正面教育的力量。

如何引导孩子解决问题？

在孩子的成长过程中，无论是有意还是无意，犯错总是在所难免的。正确看待孩子的错误也是家长需要修炼的一项重要的教育能力。

孩子犯错不可怕，成长总是伴随着错误和挫折，犯错之后最重要的是想办法纠正错误。

1. 正面教育的原则是：不要告诉孩子应该怎么做，而是教会孩子怎么做

传统的教育方式一般都是不厌其烦地教孩子，什么事情不能做，什么事情不要错。而正面教育的核心在于：我们应该教会孩子怎么解决问题。在孩子犯错或者闯祸之后，他应该直接参与到解决问题的行动中来，为自己的行为承担后果，而不是被动地接受后果。只有真正参与到解决问题的行动中，孩子才能在这件事中汲取教训，更加注意和规范自己的言行。

同样的，让孩子自己解决问题也有四个需要注意的要素，分别是：相关、尊重、合理、有帮助。

我们举例来说：

孩子在外面踢足球的时候，不小心把别人家的玻璃砸破了。

这时候，家长最不应该做的，就是劈头盖脸地把孩子臭骂一顿。正确的做法是，家长和孩子商量解决问题的办法。

我们在上面提到过，解决问题的第一要素就是：相关。意思是，家长和孩子提出的解决方法要和错误事件本身有强烈的相关性。

不能因为孩子把别人玻璃砸烂了，就让孩子在小区的操场上罚站。这个惩罚措施跟事件本身没有什么相关性，对于解决问题也没什么帮助，所以这种惩罚是没有意义的。

第二个要素是：尊重。也就是说，解决问题的办法的确定既要尊重孩子，也要尊重事实。如果自己的孩子跟其他同学打架，把别人打伤了，家长回去之后也把孩子暴揍一顿，这就是不尊重孩子。反过来，一味偏袒自己的孩子，认为对方的伤势不严重，没什么值得大惊小怪的，那就是不尊重事实。

第三个要素是：合理。解决方案要符合现实，便于操作或执行。比如，把别人的玻璃砸烂了，赔偿给别人一篮子鸡蛋，这就是不合理的解决方案。对方大概率也不会同意这种方案。

第四个要素是：有帮助。从字面意思上可以理解为：让孩子能够在这件事上吸取教训，学到东西，锻炼孩子解决问题的能力。

按照这四个要素，家长可以让孩子用自己的零花钱买一块新的玻璃，然后和孩子一起动手，把别人的窗户玻璃修好，并且打扫卫生，做完之后再次对别人表示歉意。

其实，在孩子犯错之后，家长不用急于责备孩子。因为大部分的孩子在犯错之后已经承担了恐慌、自责、后悔等负面情绪，过多的责备是没有任何帮助的。

要把孩子的犯错当成一次难得的学习机会，锻炼孩子自己解决问题的能力。如果整个过程都能够在互相尊重的条件下进行，这件事还能提升家长和孩子之间的亲密度，让孩子对父母更加信任，更加敬重。

2. 家长如何通过鼓励来纠正孩子的错误？

通过对心理学的研究，我们知道，孩子的错误行为大致分为两种：无意之举和潜意识错误。

无意之举是孩子的无心之失，可能是由于马虎大意或者出于孩子好奇的天性。比如，有些男孩因为贪图好玩用打火机把树叶点燃，导致小规模的火情。这种情况大不是他想做坏事，而是他考虑不周、好奇心过重引起的错误行为。

在这里，我们主要讨论的是潜意识错误。这种错误是孩子由于心理需求没有被满足，从而在潜意识中滋生的错误行为。比如，在学校抽烟、喝酒，或者欺负同学，或者不做作业，等等。这些行为大都是因为孩子对自己失去了信心。

心理学教鲁道夫·德雷克斯说过："一个行为不当的孩子，必定是一个丧失信心的孩子。"

大量的案例表明，当孩子对自己失去信心的时候，他的行为就会出现四种错误，分别是：寻求过度关注、寻求权利、报复和自暴自弃。

若我们在生活中细心观察的话，也能得到印证。很多早恋的孩子，其实是在寻求过度关注；拉帮结派欺负别人的孩子，就是在寻求权利；过早进入社会成为不良少年的孩子，就是在报复父母；那种好吃懒做的啃老族，则是明显的自暴自弃。

一般而言，孩子出现以上无论哪一种错误，都是心理上出现了极大的情感缺失，导致他们在潜意识中用错误的行为去寻找畸形的归属感和价值感。

知道了这些之后，家长应该明白：有不良行为或错误行为的孩子不一定是坏孩子，他们是正在通过这种方式，向我们表达自己的情感需求。

他们或许需要我们的关注、我们的陪伴、我们的鼓励、我们的认可。家长能敏感地意识到孩子的错误行为背后真正的需求，便可以对症下药改进亲子关系，就能够避免孩子在错误的道路上越走越远。

比如，对于寻求过度关注的孩子，家长可以让孩子做一些有意义的事情，帮助孩子分散一下他的注意力。给他安排一次有意思的夏令营，或者一项他喜欢的技能培训班，都是很不错的办法。

寻求权利和以报复为目的的孩子，情绪比较容易激动，也更加叛逆，家长和他们沟通很容易引发激烈的争吵。这类孩子大部分是处于青春期的孩子，因此家长要切记，不要和孩子进行争吵，而要想办法让彼此冷静下来。家长要明白一个道理，即使作为孩子的父母，也没有权利强迫孩子做一些他不喜欢的事情。

对于自暴自弃的孩子，家长则需要更多的耐心，要多花一些时间教孩子做一些他感兴趣的事情。对于孩子任何微小的进步，我们都要给予他们莫大的鼓励和赞扬，要在这个过程中逐步培养和重建孩子的自信心，让孩子有一种"我是可以的，我不比别人差"的观念，逐渐认可自己，恢复自信。自暴自弃的问题自然会迎刃而解。

既然大部分孩子的错误行为是由于信心的缺失，我们就能够进一步理解，为什么鼓励能够消除孩子做错事的动机了。

尽管如此，鼓励一个已经做错事的孩子，还是非常有难度的。因为大部分的家长在看到孩子惹祸犯错的时候，就会立即火冒三丈，满脑子都是如何惩罚孩子。鼓励这种想法很快就会被抛到九霄云外了。更何况，很多家长还有一种根深蒂固的偏见，认为只有惩罚才能让孩子改正错误的行为。有些家长会觉得：为什么他犯了错误我们还要鼓励他？让家长更加为难的是：到底该怎么鼓励孩子？

最简单的鼓励是拥抱。

两岁大的孩子总是非常爱哭，有时候父母都不知道为什么，孩子便哼哼唧唧地哭，让人感到非常烦躁。

后来，妈妈为了检验正面鼓励的重要性，耐着性子，蹲下来给孩子一个拥抱，并且告诉孩子自己非常爱他。在鼓励和安抚下，孩子逐渐停止了哭闹，父母烦躁的情绪也随之消失。

从此以后，妈妈开始有意识地观察孩子的行为，发现了隐藏在孩子背后的焦虑。妈妈开始明白孩子需要的是更多的关注和关爱，于是经常鼓励孩子，事实也证明妈妈的鼓励是非常有效果的。

当然，这种情况属于较为简单的一种情况。对于寻求权利或者有报复倾向的孩子，鼓励需要注意时机。在发生冲突的时候，家长和孩子可能会处在非常愤怒的情绪里，此时父母不能给出鼓励，孩子也不能接受鼓励。这时候需要友善地退出来，等到双方都冷静下来的时候再来鼓励孩子，才有意义和效果。

正面教育之所以推崇鼓励孩子，还有一个重要的原因，那就是鼓励孩子积极地去弥补自己的错误行为。尤其是孩子做出了一些不负责任、不尊重他人，或者伤害别人的事情时，家长要尽量鼓励孩子做一些能够弥补的事情。这样不仅能够纠正他们的错误，更能够让孩子参与到解决问题的过程当中，培养孩子的责任感和处理问题的能力。

在一所学校里，操场的一侧有一堵白色的围墙。很多调皮的孩子喜欢把足球往墙上踢，或者在墙上乱写乱画，把白墙弄得很脏。

有些老师看到之后，会大声呵斥这些孩子，甚至当场揪住他们，惩罚他们在操场上当众做青蛙跳或者俯卧撑。这样被强迫接受惩罚的孩子，往往会产生逆反心理，等到老师看不见的时候，他们会报复性地用扫把蘸上污水往白墙上甩，把白墙搞得更加肮脏。

但是，新来的教导主任没有惩罚他们。他发现孩子弄脏白墙后，并没有责骂他们，只是鼓励他们拿着白色的涂料，把墙体刷白，并且给予他们表扬。这让这些男孩感到自豪，毕竟肮脏的白墙在自己的手中又变得洁白。

不仅如此，为了保护自己的劳动成果，他们还会阻止其他人弄脏白墙。在整个过程中他们培养出了用自己的劳动弥补错误的自豪感和社会责任感。在一起粉刷白墙的同时,孩子也明白自己应该为自己的行为埋单,为自己的行为承担相应的责任。

总体而言,在正面教育的观念里,孩子基本上没有什么真正的坏心眼。他们做错事并不是因为自己本性是坏的,所以家长们大可不必用惩罚的方式教育孩子。

正确地看待孩子犯错的内在动机,用鼓励的方式消除孩子内在的犯错动机,也能够让孩子在弥补错误的过程中同时学会为自己的行为负责。家长们可以学习借鉴以上提到的方法。

3. 高质量的陪伴是最好的沟通

前段时间,我回了一趟远在千里之外的老家,从小一起长大的朋友永哥盛情接待了我。饭后老同学感慨现在生活变好了,几乎算是万事顺遂,唯一的问题就是家里的孩子。

永哥的儿子刚上高一,起初还挺努力,不知道为什么前段时间总是在学校打架惹事,被劝退在家思过。他也不怎么跟父母沟通,每天就把自己关在房间里打游戏。父母稍微一劝阻,他就会发火,让家长非常头疼。

当晚,我送永哥回家的时候,见到了他的儿子小鹏。多年没见,当年的小孩已经长成了翩翩少年,一表人才。只是看起来有些郁郁寡欢的样子,也不太爱说话。

我跟小鹏打了个招呼,聊了几句他感兴趣的电竞方面的话题,并热情邀请他有机会到我所在的城市玩。

没想到,第二天小鹏居然主动给我打电话,说想来找我谈谈。

那天晚上，我和小鹏在镇上的体育广场聊到了深夜12点，气氛非常好。孩子很自信也很健谈，一点儿也不像永哥描述的那么内向。

第二天，我找到永哥，分析了一下他们父子之间的症结所在：长久以来，永哥作为父亲，为孩子付出了很多，但唯一缺失的就是高质量的陪伴和沟通。这导致父亲对孩子不了解，孩子对父亲同样陌生。

永哥非常委屈，觉得自己每天下班就回家，也很少在外应酬，陪伴孩子的时间挺多的。

我告诉他，高质量的陪伴不仅仅是每天见面这么简单，高质量的陪伴是指专门花时间在特定的空间里和孩子进行互动，在这种情景下展开的沟通才是真诚有效的。

在谈话时，永哥6岁的小女儿拿着折纸进来，非要让我陪她折飞机。我就给永哥做了一个示范，暂停了谈话，专注地陪孩子玩折纸。我把我会的几种折纸的方法教给孩子，孩子也把她在学校学到的折纸方法教给我。不一会儿的工夫，小桌子上就放满了五颜六色的折纸。孩子非常开心，也很满足。在折纸的过程中，我问了很多孩子在幼儿园的事情，孩子也讲得眉飞色舞。

最后，在永哥三番五次的催促下，小女孩才恋恋不舍地去睡觉。

整个过程中，永哥都在旁边看着。我告诉他，这就是高质量的陪伴。在陪伴的过程中，不要玩手机，专注地陪孩子做一些看起来很幼稚，但对孩子而言意义重大的事情。在这个过程中，孩子的心门是敞开的，心情是愉悦的，沟通是顺畅的，体验是温情的。这样的陪伴能够让孩子和家长紧密连接在一起，创造出和谐的亲子氛围。

简单来讲，在亲子关系当中，最好的沟通时刻实际上都在高质量陪伴的过程中。

父母如果想和孩子彼此了解，真诚沟通，高质量的陪伴是最简单有效的方式。

4. 什么样的陪伴才算高质量陪伴？

（1）以孩子的兴趣为中心。

在亲子陪伴的过程中，家长很容易陷入先入为主或者自以为是的误区中。他们总是认为，选择对孩子学习有帮助的、对孩子身体有益的，或者昂贵的项目才是高质量的陪伴。

其实不然，就拿我的老朋友永哥来说，他曾经告诉我："我也知道要陪孩子，可我提出要带他们到外面旅游的时候，孩子们没什么兴趣，态度非常消极，甚至根本就不愿意出门。"

这就是典型的以自我为中心的想法，孩子可能不想出门，不热衷于旅游。家长要根据孩子的兴趣点来选择陪伴项目。

如果孩子喜欢阅读，那就陪他读一会儿书。尽管是一人一本书，但两个人一起静静地窝在沙发上，那种默契的感觉同样能够让彼此享受这样的美好时光。看完书之后，两人再简单交流几句，谈几句书中的情节或者自己的感受，这都是非常不错的陪伴。

同样，如果孩子确实很喜欢玩游戏，家长暂时抛弃对游戏的成见和厌恶，陪孩子玩几局游戏又有何妨呢？在游戏的世界里，家长可以看到孩子的某些天赋和优点，孩子也同样享受了教会父母玩游戏的成就感。两人在游戏中的交流也会释放出更多的有益信号，能让家长更加了解孩子。除此以外，这段快乐的时光也会成为孩子美好的记忆。

在孩子很小的时候，为了帮助孩子提高大脑思维能力，我也曾经自作聪明地买了很多益智类玩具，如乐高、遥控车、积木等。为了让孩子对这些东西感兴趣，我自己也曾经在一边玩得乐此不疲，还要表现出"这玩意儿实在是太好玩了"的样子。结果年幼的孩子对这些复杂的东西不感兴趣，反而对简单的撕纸更有兴趣。我只能放弃那些乱七八糟的益智玩具，陪孩子玩看起来很幼稚无聊的撕纸游戏。

可我马上就发现，尽管是撕纸游戏，如果玩得有想象力一些，同样也充满了乐趣，同样也能起到益智作用。因为我和孩子玩撕纸的时候，很快就发现，随机撕下来的纸拥有各种各样的形状，我们可以一起猜测这块碎纸的形状像什么。如果我们的猜测和想象是一致的，我和孩子就会击掌相庆，非常快乐。逐渐地，我故意把撕纸的游戏难度升级，我们需要撕出更复杂的形状，如面具、窗花、中国地图等。慢慢地，我受到了孩子的影响，也觉得撕纸游戏非常好玩。

这个游戏不仅能够锻炼孩子的手眼协调能力，各种各样随机产生的碎纸片也能激发我和孩子无尽的想象力。

所以说，高质量的陪伴并不在于要在这个项目投入多少资金，而是要根据孩子的兴趣和年龄阶段随机处理。只要是孩子感兴趣的，无论是玩面团、互相泼水，还是玩游戏、野外探险，我们都可以尝试。让孩子在这段亲子时光中专注感受自己的兴趣，享受和家长之间的亲密无间，那就是最好的、最高质量的陪伴。

（2）不要带着目的陪伴，好的结果自然产生。

还记得我们前面经常提到的一句话吗？对孩子真正的爱，是不含诱惑的深情。

我们在陪伴孩子的时候，尽量不要带着目的。这很难，但是家长要尽量做到。

大部分时候，我们在陪伴孩子的过程中，总想窥视些什么。比如，在陪伴孩子玩耍的过程中，我们总是会分心观察孩子，一会儿考虑孩子是否专注，一会儿分析孩子的反应能力，还要猜测孩子说这句话是否表明他具备社交能力。

这会导致我们在这段陪伴时光中不够专注，没办法全身心地投入这段陪伴的时间。而孩子是能够觉察到的，家长的敷衍会让孩子对这件事情的兴趣逐渐消退，这样就达不到高质量陪伴的目的了。

有时候，我们不带任何目的地投入一段和孩子共处的美好时光，事后反而能够得到更多。我们在游戏或者陪伴结束之后，收获到的东西往往高于我们最初期许的。

在一次亲子陪伴当中，我希望能够通过下围棋的方式，教会孩子下棋的规则，但孩子似乎对规则不屑一顾，总是按照自己的方式下棋。我尽量耐心地纠正，一遍遍重复围棋的规则，但孩子似乎根本就听不进去。

我干脆放弃了传统意义上的围棋规则，完全按照孩子的想法去玩。在和孩子下围棋的过程中，我发现孩子会自己制订一些独特的规则。他脑子飞快运转，一边下棋，一边修改规则，如果遇到前后矛盾的规则，他就要停下来，歪着脑袋再在原先的规则上打一个补丁。尽管这局棋下得毫无章法可言，但对孩子而言，他在无意中学到了更多。渐渐地，他开始询问我围棋原有的规则，并不断地改进自己制订的规则。

在这次陪伴之后，孩子对围棋的兴趣逐渐变得浓厚，因为他认为围棋的很多规则是他自己制订出来的。在这个过程中，因为他自己投入了大量的脑力和精力思索规则，反而对围棋的理解更加深刻。

到现在，我已经无法在围棋的世界里赢过孩子了。回想当初第一次和他下棋，尽管过程乱七八糟，但对孩子而言，那可能是收获最多的一次围棋教育。而我面对孩子敢于打破规则的精神，也有所感悟。

陪伴就是单纯专注的陪伴，高质量陪伴并非要求我们必须在一次陪伴中立竿见影地得到孩子的信任，或者让孩子在一次陪伴当中学到什么。高质量陪伴单纯地意味着父母心无旁骛、没有目的地和孩子进行一次毫无规则、没有束缚、超级专注的互动而已。

5. 如何给孩子高质量的陪伴？

（1）顺应孩子成长的阶段性特点，培养孩子的专注力。

人生是分阶段的，孩子在每个阶段都会产生不同的变化。比如，学龄前的孩子主要任务就是玩耍，在玩耍中探索和发现，产生对世界的好奇心和探索欲。现在很多人反对学龄前教育，认为学龄前孩子的主要任务不是学习，而是玩耍。如果在应该玩耍的时期没有玩耍，那这种需求就会被带入下一个阶段。

在学龄前缺乏娱乐的孩子，进入小学之后，会比较贪玩，因为孩子在玩耍方面始终是缺失的状态，但小学阶段又是接受教育的初级阶段，所以孩子的学习会受到影响。以此类推，未来孩子在每个阶段都会行差踏错，一步错而步步错，一直到成年阶段。

因此，父母要遵循生命成长的自然规律，了解孩子各个时期的成长需求，并及时为孩子提供丰富多元的感官刺激，以帮助孩子健康度过每个人生阶段，培养未来生活所需求的能力。

在日常生活中，父母要尽量尊重孩子的探索欲望，没有危险不要轻易打断孩子的探索，尽量让孩子在小的时候就能够随时进入专注状态。成年人可能更能理解，拥有一份不轻易分心的专注是多么难能可贵。

（2）不企图改变孩子的兴趣和行为，改为陪伴和引导。

很多家长对孩子的兴趣总是横加干涉，忘记了自己童年时期也有过让自己的父母觉得匪夷所思的独特兴趣。

很多家长告诉我，自己的孩子非常喜欢动漫。他们担心国外的动漫作品会对孩子产生不好的影响。我同样有一个喜欢动漫作品的孩子，对于这种情况，我个人的做法是，如果不确定这些动漫是否会对孩子造成不良影响，可以自己私下里搜索、了解下这些作品的信息，或者亲自看几集，最好是陪孩子一起看。

动漫作品的故事情节一般充满了矛盾冲突，在看到故事情节和人物发生冲突的时候，家长可以对孩子进行引导。比如，我们可以告诉孩子：你看，路飞（动漫作品《海贼王》里的主角）在遇到这种情况的时候，其实有更好的选择，不用先着急动手，可以用委婉的方式提醒对方。当然这是热血系的动漫，可能作者就是想体现路飞对朋友的义气才有这样的剧情设置，但我们在生活中还是尽量避免直接的冲突，选用更温和的方式处理问题。

在这种平等交流的情况下，孩子会更容易接受家长的说法，家长也更能直观地判断孩子喜欢的作品其观念是否正确。

最不可取的方式就是横加阻拦。我们都知道，现在的孩子获取资讯的渠道有很多。如果你不让他看，他可能会对这一类作品更加着迷，会想尽一切办法偷偷看。

这就跟我们小时候总是趁爸妈不在家，偷偷看电视，等到父母快要下班的时候再赶紧关掉电视，还要用风扇或者湿毛巾给电视机降温一样。所以，企图阻拦和改变孩子的兴趣，不如陪伴和引导，自己加入进来，和孩子一起经历，才是更好的选择。

真正的高质量陪伴不是你必须干什么，而是不管孩子在干什么，你都愿意耐心地陪着孩子一起。

（3）摒弃随时教育，用分享和共情替代说教。

作为家长，很多父母总是想抓住一切机会对孩子进行教育，但凡能够教育孩子的机会绝不错过。比如，有个小男孩很喜欢打篮球。有一天他打完球，觉得酣畅淋漓，内心很喜悦，回家后便迫不及待地想和爸爸分享自己的这份喜悦。

爸爸听完，接过话茬儿说："打篮球不错，既能锻炼身体，还可以培养意志力。你要好好坚持下去，打好篮球！"孩子听完这话，兴奋的神情瞬间消失了，沮丧的感觉弥漫开来。

爸爸的话说得并没错，可就是没有对接到孩子的兴奋情绪，无法让孩子感受到那种情绪被承接的感觉。孩子希望爸爸可以和他一起分享这份快乐，但爸爸没有看见孩子此时此刻的需求，反而倒胃口地说教了一番，生硬地阻断了孩子那份流动在体内的愉悦，也切断了父子间情感的流动。

爸爸这样回答更好:"哈哈,又去打篮球了啊?看你这么高兴,今天是不是又秀翻全场了?下次带我去吧,老爸年轻的时候,打的可是得分后卫的位置,超厉害的。"

用这种年轻人的语调,接住孩子那种快乐、兴奋的情绪,是对孩子分享喜悦的一种回应,更能激发孩子的倾诉欲望,同时表达了自己想要积极参与的诉求,让孩子感觉自己选择的运动充满了魅力,也会让孩子更加自信。

真正的陪伴,应该是心与心的交流,是精神情感上的共鸣。我们与孩子之间有了这种情感共鸣,才能跟孩子真正地共情,感知他的所思所想。有了这个基础,才能谈得上对孩子的教育。

(4)全身心地投入陪伴。

我们在与孩子互动的时候,是很容易全身心投入的。但在陪着孩子又没有互动的情形下,我们觉得傻坐着无聊又浪费时间,很容易分心去干别的。然而,在这种时候,我们更要专心,既然已经把时间留出来给孩子了,就要认真对待。孩子在自己玩的时候,我们可以不打扰,但要保持对孩子的关注。

这样,我们才不会错过孩子拼完拼图后,嘴角流露出的那一抹微笑;我们就能知道为什么孩子刚刚还在安静地搭积木,此刻却如此暴躁不安……我们了解了事情的前因后果,才能更好地去应对孩子的各种情绪。

身为父母,我们都知道高质量的陪伴对孩子来说很重要,有时候却错误地以为,只要我们人陪在孩子身边就行了。殊不知,高质量的陪伴不是人在就行了,你与其花10个小时待在孩子身边,还不如给他一个小时的高质量陪伴。

我们在陪伴孩子的过程中,应当顺应孩子生命成长的自然规律,保护好孩子的专注力。同时,我们还应当尊重孩子,无条件地爱他,放下心中对孩子的期待与评判,只做好自己该做的,用心爱他。我想,这样的陪伴才是最高质量的陪伴。

Part 5
把握爱的尺度

爱与尊重

我们目前正处在一个飞速变化、随时会迭代升级的时代，无论是社会资讯还是文化内容，都呈现出更加多元化的势态。

同样的一个课题，可能会有很多不同的理论支撑，教育的理念也是如此。我们处在移动互联网发达的年代，资讯的获取更加便捷，成本也更低。很多父母视野被打开之后，面对中西方教育的差异化，时常会感到手足无措。到底是应该用西方那一套完全自由、民主的教育方式，还是用我们老祖宗留下的严肃、认真的教育方式。这对很多父母而言，是一个困难的选择题。

其实，我个人认为，在孩子的教育方面，选择什么样的教育方式，要看孩子的成长环境是什么样的，而不是非要套用一套标准的教育模板。

对于孩子的性格培养，我个人较为认同传统的教育方式，孩子需要拥有咱们中国的传统美德，如"温良恭俭让""尊老爱幼"和"自强不息"等。因为孩子未来的生活环境依旧是在中国，培养孩子的传统美德，塑造孩子的底层性格，会让孩子在社会上生活得更为融洽。

而在其他方面，尤其是在学识方面，我们对孩子的培养可以更加兼收并蓄，秉持开放的态度。在人际交往方面，则可以偏向培养孩子的个人特点，突出孩子独特的性格优势，赋予孩子更自信、更豁达、更勇敢的个性。

孩子也好，成年人也罢，最不能缺乏的就是爱和尊重。

爱的含义是广泛的，包含对自己、对家人、对事物、对国家的深沉情感。尊重则分两头,一方面要学会自我尊重,另一方面更要学会尊重他人。

爱与尊重可以说是塑造孩子良好品质的基石,脱离了爱和尊重,其他任何叠加在上面的品质都是虚妄的、不真实的。

1. 不以"爱"的名义做"专制"的父母

如今,我们欣喜地看到,随着80后、90后逐渐长大,成为父母,他们跟随时代变化,已经成为一个新的文化族群。90后作为新生代父母,他们的教育理念更是与传统父母大相径庭。

80后、90后在育儿方面有了很多新的思考。他们结合变化多元的社会,从自己的教育经历出发,重新定位和思考要把自己的孩子培养成怎样的人。

乖巧听话的孩子不再是完美、唯一的标准,相对于比较难以改变的智商,他们更在乎的是孩子的情商。他们更希望自己的孩子拥有积极主动、独立自信、与众不同的个性。

即使一些年轻一代的父母在养育孩子的时候仍需要祖辈帮助,但他们也会更多地考虑如何和祖辈在育儿问题上进行更好的沟通、分工,不做"甩手父母"。

他们会在下班后花时间陪伴孩子,家庭出现教育分歧时也会开个家庭会议,围绕着孩子的教育问题,协调育儿观念上的不一致和冲突。这些都是年轻父母有意识地为了不重蹈覆辙,不犯祖辈育儿所犯的错误而做的努力。

在西方文化中,人更加自主、独立、自信。如今的时代,年轻人更希望自己和自己的孩子拥有这种素养。年轻一代的父母已经在思考和践行。他们拒绝以往育儿观念中存在的自上而下的权威的方式:单向的要求、服从、接受。

他们努力构建平等的、互相尊重的亲子关系,不再以父母的权威压迫孩子,不再用绝对的命令的方式对孩子说话,而是更关注孩子的感受。他们以询问的方式和孩子交流,以征求意见的方式让孩子做决定,提供多样的选择让孩子自主选择。

说起家庭教养方式，不外乎严厉型、民主型、溺爱型、松弛型（无管控）几种类型。如今，严厉专制的育儿方式在减少，民主尊重的育儿方式逐渐增多。随着经济条件的改善，溺爱孩子的家庭也为数不少。给予孩子过多的爱或以爱之名对孩子实行专制，都有失偏颇。

在专制的家庭里，父母实际上是非常爱孩子的，家庭责任感很强，自认为一切从孩子出发，"一切都是为了孩子好"。他们对孩子寄予厚望，对孩子的人生进行规划，给孩子设立较多的规矩；也会关注孩子行为中的诸多细节，会下意识地进行行为干预，越俎代庖。

举一个例子，如果孩子不爱吃鸡蛋，"专制型"的爸爸就会说："鸡蛋这么有营养，你怎么能不吃呢？"于是这事就没得商量，孩子必须吃掉鸡蛋。起初孩子痛苦地吃鸡蛋，到后来就偷偷地含在嘴里或包在纸巾里丢掉。纵然鸡蛋有营养，但是迫于压力，以痛苦的方式吃鸡蛋，会让孩子产生挫败感，导致心里极度不舒适。

其实，父母可以用更好的方式来解决这个问题。有一本绘本叫《弗朗西丝和面包抹果酱》，书中弗朗西丝的爸爸妈妈和兄妹每天都吃鸡蛋，溏心蛋啊，煎蛋啊，炒蛋啊，大家都吃得很香，但弗朗西丝就只喜欢吃果酱面包。爸爸妈妈没有强迫她，继续给她准备果酱面包。终于有一天，弗朗西丝尝了尝溏心蛋，发现并非只有她的果酱面包是好吃的，也开始吃鸡蛋了。

这样的教育方式，能让孩子从小感受到被尊重，同时孩子也可以学会不勉强别人，学会如何尊重他人，在对待别人时也会采用同样的方法。

在一个给予孩子尊重的家庭中，家长处理亲子关系的方式是从孩子的感受出发。

家长会先分析孩子为什么有某种感受或某种行为反应，同时反思自身行为。父母把孩子当作平等的人，而不是把自己当作一个高高在上的管理者。父母随时随地跟孩子沟通交流，不使用情绪解决问题，同样也不会忽略问题的存在，会正视问题，正面解决问题。

2. 孩子的自主意识需从小培养

我有一个小侄女，还不到两岁。有一天我告诉孩子的爸妈，等孩子第一次开口说"不"的时候，记得跟我说一声。

果然没过多久，孩子的父母就告诉我，我的小侄女学会说"不"了，并问我为什么要关注这件小事。

我告诉他们，孩子第一次说"不"，意味着孩子的自我意识已经形成，此时也是培养孩子自我意识的关键阶段。为了能让孩子感受到被尊重的感觉，当孩子说"不"的时候，我们就不能像以前一样忽略孩子的感受了。

在以往，孩子不喜欢吃某样东西，但父母觉得这是孩子长身体所需要的，就会想尽一切办法，甚至勉强孩子吃。但当孩子萌生了自我意识并学会拒绝，学会用"不"来反抗的时候，我们就需要换一种更加委婉的方式来引导孩子。

在这方面，西方教育体系的做法就值得借鉴。西方人注重强化孩子的自我意识，强化孩子的自我感受，用语言引导孩子关注自身，比如自己的情绪感受、自己的行为结果。

在西方孩子的生活中，随处可见镜子，孩子也从小学习画自画像，这些都是有助于提升孩子的自我认知和自我意识的手段。

相比之下，我们的幼儿教育缺少自我意识的培养。我们的孩子对自我的认识往往仅仅停留在认识自己的五官、身体，而不会认知自己的情绪、行为，因此在自我情绪调控方面就会逊色很多。

中国家庭似乎普遍担心孩子会受伤，特别是在孩子的婴幼儿时期，在独生子女家庭里这个问题尤为突出。

家长的过度焦虑，导致孩子失去了独立探索的机会，而独立探索恰恰是孩子大量学习的最好时机。

我曾看到很多家长喜欢喂孩子吃饭，有些孩子居然到了两三岁还在被喂饭。我们看到很多孩子坐在推车里，被父母或者爷爷奶奶推着。他们仰面躺在里面，看起来无比安逸，却缺乏活力。他们已经习惯于被喂食，被照顾得无微不至，甚至就连推车里头枕的高度都经过了父母精心的调校，已经达到了最舒服的状态。

很多父母习惯于给孩子喂食，一方面是不相信孩子能够独立完成这件事，另一方面竟然是担心孩子会把衣服弄脏。因为这些小问题，就剥夺孩子自主进食和锻炼手眼协调能力的机会，真是可惜。

孩子自己吃饭能够大幅提高他们的手眼口协调的能力，孩子会慢慢地感知到食物的重量，需要时刻调整方向和姿势才能把食物送进嘴里。吃饭对成年人而言是极其简单的事情，孩子却需要一勺一勺逐渐调整，从而形成肌肉记忆。

如果家长一直喂饭，孩子即使到了五六岁，依然不能正确地使用勺子，那他就错失了锻炼自己肌肉记忆的最佳时期。

大多数时候，孩子的成长阶段是不能被跳过的，必须经由自己实践和学习获得经验，从而实现成长。

从古到今，人的智慧大都是在解决问题中增长的。解决问题的机会丧失，解决问题的能力也就损失了。给予孩子更多的自主权力，也就给了孩子更多锻炼的机会，他能增长自身的经验，学会和成年人一起解决问题，能力强的孩子甚至能逐渐独立解决问题。

当然，孩子的独立能力是从无到有的积累，家长要对孩子的能力有适当的认知，孩子成长的过程需要家长的包容、耐心，还需要家长提供适宜的工具和环境。一岁半到三岁是孩子的独立意识发展最为迅速的时期，如果在这一时期，孩子独立的愿望没有得到满足，凡事都由成年人包办，会使孩子习惯于接纳，丧失增长独立经验的机会。

我曾经听到这样一个比喻，孩子的成长过程就像是玩游戏，刚开始的第一关很简单，孩子自己去做的时候，可能受困于经验的缺乏，做得不是很好。这时候，父母就跳出来说："来，爸爸妈妈帮你过。"

到了第二关，因为孩子没有自己通过第一关，所以第二关对孩子来说变得有难度了。这时候，父母又跳出来帮孩子过了关。那么到了第三关，孩子就会习惯性地求助于父母。

直到最难的一关来临，难道就连父母也无能为力的时候，父母就会把游戏手柄丢还给孩子："爸妈老了，得靠你自己去完成了。"

可是前面父母都没有让孩子动过手，从第一关到最后一关，孩子都没有能够从中学到任何经验。每次过关大都由父母代劳了，孩子作为一个旁观者，怎么可能有能力通过最后一关呢？

这虽然只是个比喻，但确实非常形象地体现了很多父母在育儿方面的经验缺失。孩子只有在一次次的实践、思考中不断长大、独立，最终才能超越父母，顺利通关。

因此，在孩子的整个童年时期，家长应该营造一个开放民主的环境，尊重孩子独立自主的意识，给予孩子引导，给予孩子锻炼成长的机会。这样，孩子才能建立独立、健康、积极的人格。

而作为父母，我们只需要用"不含诱惑的爱"一直在背后默默支持孩子就可以了，不必事必躬亲，更不必对孩子指手画脚甚至事事代劳。

最后，让我们用纪伯伦的诗歌片段共勉，愿我们都能用爱与尊重培养出独立自主的孩子。

> 你的儿女，其实不是你的儿女。
> 他们是由于生命对于自身的渴望而诞生的孩子。
> 他们借助你来到这世界，却非因你而来，
> 他们在你身旁，却并不属于你。
> 你可以给予他们的是你的爱，却不是你的想法，
> 因为他们有自己的思想。

如何跟孩子做朋友？

我们在探讨如何跟孩子做朋友之前，先探讨要不要跟孩子做朋友。

在亲子关系中，如果有父母和孩子可以相处得像朋友一样，关系融洽、无话不谈，相互尊重又不干涉对方。这种亲子关系，大概让很多父母心生向往。

可在现实生活中，很多父母高举"自由"和"尊重"的旗帜，宣布要做"朋友型"家长，对孩子的很多行为开始放权甚至放任不管，他们声称：

"家长和孩子最好的关系，就是成为朋友关系！"

"凡事都要尊重孩子，绝不强迫孩子做自己不喜欢的事情。"

"不管怎么样，孩子开心最重要！"

……

尽管本书也一直在强调尊重孩子和信任孩子，但对于太过松散的教育方式依然保持着应有的警惕。

和孩子做朋友到底有没有问题？没问题，但在此之前必须加上"界限"这个前提。也就是说，要和孩子做"有界限"的朋友。因为父母对于孩子而言，担负着抚养和教育的责任和义务。为人父母最大的责任，就是教会孩子为人处世、做人做事的道理，帮助孩子在人生的每个阶段发展好自我，并对孩子不合理的言行举止进行纠正。

单从上面这个角度而言，父母就不能成为孩子真正的朋友。家长和孩子成为朋友，是家长和孩子都非常向往的。因为父母要和孩子成为朋友，就必须让渡一部分教育的权力，只有在权力上做出让步，两者之间的关系才会更加趋于平等，朋友关系才会成立。

对孩子而言，父母从高高的管理者位置走下来，和自己进行平等对话，自然会让自己的压力骤减。父母变成朋友，意味着父母丢掉了自己的权威性，放弃了一部分教育的权力，孩子当然对此喜闻乐见。

但这样做的坏处就是，孩子毕竟处于懵懂的成长期，对于很多事情的看法还较为片面。父母一旦不能作为家庭权威对其进行纠正和指导，把选择权全面交给孩子，就会导致孩子犯错时，没有一个切实的家庭权威能对其进行纠错和改正。

父母想要真正实现教育孩子的目的，履行教养的职责，就必须树立自己的权威，并明确自己的界限和规则。

同学会上，一个女同学得意地讲述了自己和高一的儿子做朋友的经历，听起来让人不寒而栗。

这位老同学的儿子上了高二之后，和别的班的一个女生早恋了。老同学得知两人的事情之后，不仅没有制止，还以"朋友"的身份对儿子进行了恋爱指导。这让两个懵懂无知的高中生原本忐忑不安的心情顿时变得轻松起来，他们也顺理成章地确定了恋爱关系。

儿子甚至把女生带回家，我的这位老同学也竟然像对待儿媳妇一样，陪着两个孩子逛街、购物、吃饭，气氛无比融洽。

这位老同学非常得意，认为自己非常新潮，俨然是走在时代前端的"模范家长"。

这样的教育方式真的没有问题吗？

这看似融洽的亲子关系当中难道没有隐患吗？

作为一个高中生，孩子还处于一个无法对自己负责，同样也无法对他人负责的阶段，家长太过放任这段恋爱关系，可能会导致以下问题的发生：

假如两人因为恋爱耽误了学习，没有考上心仪的大学怎么办？

如果两人发生情变，导致心理上出现创伤，伤害到了对方甚至自己，怎么办？

还有，如果两人偷尝禁果，导致女方怀孕，他们又该怎么面对女方家长？

所以，以尊重孩子、和孩子做朋友的名义，放任两个没有判断能力、尚不能负民事责任的孩子陷入过分自由的恋爱关系当中，是不负责任的表现。世界上没有绝对的自由，所谓的自由都是在一定的秩序和规则下的。

社会如此，企业如此，家庭也是如此。要想让孩子获得相对自由的空间，想和孩子建立相对平等的亲子关系，就要有一定的界限。

在家庭关系中，父母不能失去权威。父母如果为了讨好孩子而过于放低姿态，就会让孩子陷入一种毫无分寸感的状态中，对父母逐渐失去敬重。在这样的关系中，孩子很难从父母身上学习到有用的东西，反而会逐渐挑战父母的界限和原则。父母假如一味退让，很容易亲手教出"逆子"！

前段时间，网络上爆出视频，武汉地铁 2 号线的站内，一个十几岁的孩子因为妈妈搭错了车，就在地铁站当众对妈妈拳打脚踢，甚至还踢翻了妈妈手里的行李箱。

类似这样的视频和新闻，在最近几年屡见不鲜，让人在愤慨的同时又为当事人的妈妈感到无比悲哀。为什么孩子能够这样对待自己的母亲？大部分原因在于，父母没有给孩子设立清晰的边界，孩子对父母缺乏最起码的尊重和敬畏之心。

在家庭关系中，"分寸感"非常重要。父母对自己的孩子应该是了解的，知道自己的孩子适合哪种教育方式，再采用适当的方式进行教育。

有的孩子分寸感极好，能够和父母平等交流，不会轻易逾越界限，也不会随便挑战父母的权威，懂得哪些事情是可以自己做主的，哪些事情需要跟父母商量或者尊重父母的意见。这样的孩子，父母是可以放心跟对方平等交流，当作朋友一样对待的。

而大多数孩子在亲子关系中扮演的角色时常是由父母主导的。如果父母对孩子稍微温和一些，孩子就会表现得更加松弛。如果父母把他们当作朋友，放下父母的权威，模糊了界限，这些孩子往往在不久之后就忘记了父母和孩子之间的边界，然后频频越界，甚至有些分不清尊卑。这时候，父母再展现出父母的权威，他们又会像受惊的蜗牛一样，缩回自己的空间里，表现得就像一个乖巧听话的孩子。

对于这种类型的孩子，父母应该采取递进式的教育，不要猛地一下从权威的家长变成亲切的朋友，让孩子在不知所措中变成无法无天的越界者。家长要慢慢放松，让孩子缓慢地接受父母角色的转变，在试探中明白父母的边界在哪里。

最后一种孩子，往往是最令家长头疼的，那就是毫无分寸感的孩子，也就是生活中常说的那种"给点儿阳光就灿烂"的孩子。父母稍微放下一点儿权威，变得稍微有点亲和力，这种类型的孩子马上就会"打蛇随棍上"，变本加厉地想要爬到父母的头上作威作福。

这种类型的孩子，并不适合跟父母做朋友，反而需要父母时刻保持权威。较为严肃的教育环境，能够磨炼这种类型孩子的心性，能让他逐渐养成温和、尊重、孝敬的性格。

好孩子是管出来的，熊孩子是惯出来的

我曾经遇到过这样一个案例：

一个 13 岁的孩子和数学老师发生了冲突，原因是孩子从不按时按量完成老师布置的作业。

孩子家长知道了事情原委后，觉得孩子做得对。因为数学老师留的作业是重复性的，她儿子早会了，她觉得题海战术抑制创造力，所以坚决支持孩子不写作业。

可他不知道的是，这个孩子不仅不交作业，也不参与课堂学习，有时候上课说话，声调比老师还高，经常振振有词地说老师该反思自己的教学理念了。这不仅打扰到其他同学上课，更搅乱了课堂秩序，所以老师才出言制止。

在这个案例里，家长没有做任何引导，虽然看似很开明，但实际是在纵容孩子的散漫。

如果孩子走上社会，一直保留这样的行为习惯，谁愿意当他的同事？谁愿意和他做朋友、谈恋爱？

有人说，小时候散漫不要紧，他们长大后在社会上受的挫折多了，吃的苦头多了，自然会收敛一些。但是，这种收敛是被动的，是因为失败和教训而不得不为的，对于孩子的成长来说是走了弯路。

因此，在孩子的教育方面，家长要对自己的孩子有一个清醒的认知。在孩子还没有较强的自控能力之前，该管的还是要管，该批评的还是要批评，不能放任散养，也不能过于溺爱。

我的女儿琪琪在餐桌上一直都很懂礼仪。有一次，她和另一个小朋友一起用餐的时候，那个小朋友非常喜欢把餐桌当成玩具场，不是把肉丸子串起来当烧烤，就是把各种饮料倒在一个杯子里搅拌，或者用一根筷子在火锅里练习叉鱼。

可能是琪琪觉得这样做很好玩，也开始模仿。我立即把她叫到没人的地方，对她进行了批评教育："你原本拥有非常不错的餐桌礼仪，不能因为别的小朋友这样做，就自己破坏了原有的优点。"

孩子还是很委屈，觉得认为别的小朋友这样玩，父母都没有干涉，为什么我却制止她不让她玩。

我耐心地跟她讲了将近10分钟，她才终于明白，餐桌礼仪是一个人教养的体现，遵守餐桌礼仪也是对客人的一种尊重。

从那以后，琪琪再也没有在餐桌上玩耍过。

父母不能够把孩子的一些不当行为甚至错误行为理解成孩子"活泼好动""乐于尝试"，甚至用"聪明""富有创造力"来美化。

实际上，父母不教孩子，孩子就不明白自己的行为边界在哪里，自然也不懂得规矩为何物。郭德纲曾经说过："自家的孩子，做父母的哪个不疼，哪个不爱啊？但自己教、自己骂，总比以后走上了社会，别人给他一嘴巴子要强得多。你自己的孩子，自己不教好，放到社会上，就有人教他做人。到那个时候，你就算是再心疼都没用了。"

诚然，在教育的道路上，父母有时候需要做孩子的好朋友，但该严厉的时候，不要舍不得严厉。我们越早帮孩子改掉一些小毛病，孩子的未来才会走得越顺当。

有些决定，家长可以和孩子商量，比如出去吃饭时，可以问问孩子想吃什么。但像买房子这样的家庭购买决定，或者是对于家庭活动的优先次序（是先去亲戚家还是先去游乐园）的决定，应该由家长来主导。

家长不要让孩子觉得身边的人总会围着自己转，否则孩子就可能把这一切看成理所当然的。同时，要和孩子理清楚哪些决定是可以商量的，哪些不是。在和孩子共同做决定的时候，要确定好规则，比如将讨论时间限定在5分钟之内，然后进行投票。

总体而言，我们需要当孩子的朋友，但前提是要先当好孩子的父母。我们需要给孩子选择权和话语权，但前提是不能过度给予。

孩子一生最重要的课——学会保护自己

人的一生需要学习的东西有很多，无论是文化知识还是兴趣爱好，抑或职业技能，每一种学习都会相应地带给我们精神或者物质上的收获。但对于孩子而言，最重要的一门课程就是学会保护自己。

人们时常把孩子比作娇嫩的花朵，一方面是因为孩子代表的是一个家庭的未来，甚至是社会的未来；另一方面也从侧面表达了孩子是非常脆弱且容易受到伤害的群体，需要家长甚至全社会的共同关爱和呵护。

当然，对父母而言，自己的孩子不能够全然依赖社会的关爱和保护，作为孩子的父母，也不能全天候对孩子进行贴身保护。最为稳妥的方式，就是教会孩子如何保护自己。

孩子由于心智尚未成熟，对事物和人物的判断力不够精准，同时身体弱小，体力不占优势，有可能会受到一些不法分子的侵害。我们随便在搜索引擎中输入"孩子""侵害"等字眼，就会搜到很多青少年儿童受到各种伤害的真实案件，每一个案例都触目惊心。

因此，教孩子学会保护自己，无疑是一件极其重要的事情，它的重要程度超过了其他所有课程。因为只有人身安全得到了保障，其他方面的学习才有意义。

总体而言，孩子容易受到的伤害有意外安全事故、性侵、拐卖、霸凌及精神虐待几种。这五种常见的发生比例较高的伤害中，有五分之四是来自他人的。因此，教会孩子如何辨别坏人及如何避免受到他人戕害是重中之重。

如今，无论是在幼儿园还是学校，老师们都开始专门花时间教孩子如何避免意外伤害，从基础的交通安全到家庭生活中的火灾、地震等意外事件的应急处理，教学非常全面。我们也欣喜地看到，全社会已经开始重视孩子的人身安全。

但对于拐卖、性侵等外来伤害，因为个体事件差异性大、案发环境复杂等因素，这类对孩子伤害极大的案件依旧屡禁不止。

父母对这方面的教育也比较简单粗暴。很多父母总是反复教导孩子"不要和陌生人说话"，却很少提醒孩子要注意防范身边的熟人，如老师、校工、小区保安、亲戚朋友、邻居等。殊不知，在我国"女童保护"《2019年性侵儿童案例统计及儿童防性侵教育调查报告》中，熟人作案的比例高达66.23%，接近7成。

对陌生人保持警惕自然没错，但我们如果对熟人100%的放心，那就等于给孩子增加了100%的风险。

很多家长都有这样的疑惑：我到底要给孩子灌输怎样的观念？是告诉孩子这是一个充满危险且有很大概率会遇到恶魔的世界？还是为了保护孩子的纯良和天真，让他信任这个世界？

为了引起孩子对自身安全的重视，很多父母变得如同惊弓之鸟，害怕让孩子外出玩耍，不许孩子和陌生人说话，甚至过度渲染外面世界的凶恶。其实，这样的做法对单纯的孩子而言，同样是一种伤害。

与其在孩子面前过度丑化世界或者过度保护孩子的安全，还不如引导孩子正确认识世界，并教会孩子保护自己。

我时常告诉孩子："你不能把这个世界想象成一个充满善意的乐园，同样也无须认为恶魔总在人间。总体上而言，这个世界的善恶比例是均衡的，你需要对外释放自己的善意，同时也需要竭力避免恶人对自己造成伤害。"

我们可以在孩子小的时候，就开始教他一些安全常识，提高孩子的自身防范意识。让孩子在遇到特殊情况的时候，能够明白如何保护自己，以及如何应对别人的伤害，提高生存技巧。

1. 鼓励孩子勇敢拒绝成年人

老一辈的父母总是认为，孩子对父母百依百顺、听话顺从就是"乖孩子"，其实这种观念早就被时代抛弃了。孩子自从出生以来，就是独立的个体，拥有独立意识和自己的思维思想。我们不能要求孩子对我们恭恭敬敬、乖巧听话，这样会过分压抑孩子的天性，让孩子对父母或其他成年人形成权威依赖。这样的孩子不会拒绝别人，尤其是成年人。

可以想象，如果这样的孩子遇到坏人，坏人提出过分的要求，孩子尽管百般不愿意，也不敢拒绝。

为了让孩子拥有能够明确表达自己意见的勇气，父母就要从小让孩子敢于拒绝，鼓励孩子说出自己的感受。

"不，我不愿意。"

"去参加亲戚的聚会让我感觉很不舒服。"

"我不是很喜欢爸爸单位的那个叔叔。"

"这个口味的冰激凌我真的无法忍受。"

孩子只要敢于用强烈的身体语言和坚定的语气表达自己的想法，在面对"性犯罪"的时候，就会拒绝对方的要求，同时也会大声呼救，而不是压抑和顺从。

同样，孩子在被欺负和霸凌的时候，也知道该如何拒绝和反抗，如何才能造成更大的动静让自己脱身。

2. 要让孩子相信自己的直觉

在即将受到伤害的时候，大多数孩子会更加敏感，会提前产生"不舒服""不安",甚至"恐惧"等心理状态,这往往是自己将要受到侵犯的预兆。孩子如果此时逃离,可能会为自己争取到最佳的逃离时间或者机会。

父母可以告诉孩子,尽量不要与异性独处。假如在和别人的相处过程中,感到非常不安、别扭,甚至有点儿害怕,那么不要怀疑,不要犹豫,利用自己恐惧的本能立即离开,无论是找借口或者撒谎都可以。在任何情况下,只要是为了自身安全着想,撒谎都是被允许的,父母一定会支持他的。

3. 学会报警和一套独特的家庭暗号

很多孩子知道110是我国通用的报警电话。但作为家长,一定要教会孩子如何拨打110报警电话,以及拨通之后如何简短地向警方表达清晰的求救诉求、自己目前的位置、遭遇到了什么样的情况、事情紧急与否……

我曾经在网上听到过一个成年女子报火警的录音。电话刚一接通,女子就大喊大叫,歇斯底里地说:"着火了,到处都是烟!"火警接线员问了好几次位置,女子还是语无伦次地重复着单调的呼喊:"快点儿来!着火了!"

一个成年人在遇到突发事件的时候,尚且如此慌乱不堪,更何况小孩子呢?

此外,平时父母在开家庭会议的时候,要制订一个外出游玩时使用的独特的暗号,比如说"鼻涕虫"的意思是被人跟踪了,"灰螳螂"的意思是被人诱拐绑架了。

除此以外,一家人外出游玩,要选定一个走失集结点,这个地点可以是景区或者游乐园的服务处,也可以是标志性的建筑。尽管现在通信手段极其发达,但注意一下这种小事情仍是有备无患的。

4. 危急时刻,自身安全最重要

父母需要告诉孩子,不要跟随陌生人甚至熟人到偏僻的地方去,万一遇到危险,身上的东西如书包、玩具、父母送的礼物等,都是可以抛弃的,要尽可能丢掉所有的束缚，快速奔跑逃离现场。如果有可能的话，尽快往人多的地方跑，并大声呼救。

父母一定要告诉孩子，如果有陌生人要强行带走他，他可以在大喊大叫拼命挣扎的同时，抓住周围的固定物体来阻止和干扰对方，还可以通过破坏他人物品的方式，借助他人的力量阻止坏人得逞。比如，孩子可以踢别人的汽车，摔坏别人的手机，别人一定会向孩子索赔，这样就能阻止坏人把孩子带走了。

一定要告诉孩子，在危急时刻，只要能够保障自己的安全，可以丢下任何有价值的东西，也可以破坏他人物品，甚至可以伤害坏人的身体。父母不会因为这些责怪孩子，孩子的安全才是最重要的。

5. 教会孩子识别可疑行为

很多父母在教导孩子的时候，喜欢把坏人"脸谱化"，媒体、动画片、影视剧也总是把坏人的形象刻画得很突出。这会让孩子下意识地提防陌生人，以及那些长得很凶、很像坏人的人。但大家都忽略了有可能对孩子进行侵害的不仅有陌生的坏人，还有隐藏在熟人里看似和蔼可亲的恶魔。

通过长相辨认坏人自然是片面的，我们需要教会孩子识别一些可疑的行为，而不是仅仅教会他识别一类人。

无论这个人是陌生人还是熟人，一般而言出现以下可疑行为，孩子就要警惕，想办法逃离现场或者采取自救措施。

（1）陌生人寻求孩子的帮助。

通常来讲，成年人在外面遇到困难，会向别的成年人求助。一个陌生人向孩子求助，光凭这一点就已经很可疑了。如果对方提出一些"你能帮我带个路吗""你能帮我找找我的狗吗"这样的求助，那我们基本上可以断定，此人绝非善类。这时候宁可判断错误，孩子也要拒绝他，尽快朝人多的地方走。孩子也可以用撒谎来震慑对方，说："我爸马上就来了，等他来了我们帮你一起找。"

（2）糖果、零钱、礼物引诱。

这种情况往往出现在熟人之间，因为现在的孩子普遍从小就被父母教导，不能随便要陌生人的东西。但隔壁邻居、亲戚、老师、保安、物业等其他熟人，往往会利用糖果、零钱或者小动物，引诱孩子到他的私密住所去。

父母要告诉孩子，无论对方以什么作为诱惑，凡是邀请孩子到私密空间去的，比如无人的工作间、狭窄的仓库、对方的住房等，一律严词拒绝。

（3）伪装他人。

伪装他人往往是诱拐孩子常用的伎俩，诱拐者常用以下几种套路欺骗孩子：

"小朋友，我是你爸爸的好朋友，他今天有事不能来接你，你跟我走吧。"有时候对方甚至能够叫出孩子的姓名。

"孩子，快点儿，你妈妈出事了，在医院里，快跟我一起去看看。"

"这位同学，我是辖区派出所的警察，请你跟我走一趟。"

家长要告诉孩子，咱们中国的法律规定，警察传唤孩子，一定要有家长陪同才行，凡是单独来找孩子的警察都是假的。

父母平时要多和孩子沟通，告诉孩子，在任何情况下，爸爸妈妈都不会让我们家庭成员以外的人来接你。凡是以爸爸妈妈的朋友、同事的名义来接你的都是坏人。

（4）守住隐私。

现在社会上诈骗的花样繁多，令人防不胜防。父母一定要告诫孩子：不要向陌生人透露自己和家庭的信息，比如家庭住址、家庭人员姓名、电话号码、所在单位、微博、微信、社会保险号及信用卡卡号等。

遇到这种情况，孩子可以直接回答"不知道"，或者推给父母，让他们去找父母要。

还有一种情况要特别说明，任何一个成年人如果让孩子保守一个令人不安或者不悦的秘密，都是可疑的。孩子可以完全信任父母，把这件事告诉父母，和父母沟通商议后再做打算。

总而言之，成年人的可疑行为包括但不限于此。父母可以经常和孩子讨论，并随时添加一些可疑行为，告诉孩子如果遇到这些情况应该如何应对，以便孩子某天真的遇到这些情况，能知道正确的做法。

无论情况有多复杂多变，父母要给孩子灌输这样一个原则：成年人不应该用欺骗或诱惑的方式，迫使孩子做令孩子不舒服的事情。一旦有违这个原则，孩子就可以直接当成可疑事件进行应对。

除此以外，父母应该在日常生活中和孩子进行演练，务必保证孩子在无论哪一种情况下都能有正确的应对行为，甚至可以把这种安全教育融入生活的场景当中。

外出玩耍时，父母可以指着路边的车子，问孩子："如果有一个男的，让你到他的车上去拿你最喜欢的游戏机玩，你去不去？如果不去，你会怎么拒绝他？假如这个人是你们学校的教导主任，你又该如何应对呢？"

如果和孩子走在一条僻静的小巷，父母可以问他："如果这个时候，有一个看起来非常慈祥的老爷爷，想让你去他家里帮他安装遥控器的电池，你要不要去？为什么？"

在家时，父母可以问孩子："如果你独自在家时，有人敲门，说是要进来查一下水表，或者送快递要求你开门，你会怎么做呢？"

甚至，父母还可以选择孩子独自在家的时候，找朋友敲敲家里的门，看孩子如何应对陌生人敲门。尽管这样可能会让孩子受到一些惊吓，但为了孩子未来的安全，也是值得的。

作为父母，我们虽然不能完全确保自己的孩子在日常生活中能正确地应对外部世界的危险，但至少我们知道，给予孩子最基本和最重要的安全知识，可以降低孩子受到伤害的概率。

有的父母可能担心和孩子讨论绑架这种可怕的问题，会吓坏孩子。但如果父母不向孩子提前说明，不培养他们的安全意识，万一孩子碰到危急情况因不知所措而受到伤害，那么到时无论父母多么伤心和悔恨也无济于事。

有此忧虑的父母可以根据孩子的年龄、心智发育，用孩子能够接受的语言给孩子讲述如何保护自己。

父母对孩子的安全教育可以随时随地、时时刻刻地贯穿到孩子的日常生活之中。

未成年人的安全意识比较薄弱、自我保护能力差，身为监护人的父母必须利用生活中的每个机会教育孩子，让孩子掌握一些最基本的自我保护常识。

学会保护自己，才能应对突如其来的危急，拥有一个更加美好的未来。

人间值得：父母是世上最难的职业

父母是这个世界上最难做的职业，也是最重要的职业。我们可以试想一下，按照中国人的文化社会习惯，父母需要养育一个孩子到18岁成年。实际上，很多孩子到了18岁才刚刚高中毕业进入大学。尽管已经成年，但父母依旧要付出精力和财力，供养孩子求学。

这平均长达20年地对孩子的养育，就是中国大部分父母的职业生涯。父母要从孩子的婴儿时期就对他进行无微不至的照顾。在小学到高中这个阶段，大部分的父母不只需要照顾孩子，更需要倾尽全力为孩子寻求更好的教育资源，更别提要面对孩子的生活起居、学习成绩、心态心情、矛盾处理等方方面面的问题，难度可想而知。

更难的是，父母这么重要的一个职业，竟然没有专门的课程培训。大多数的父母面对刚刚出生的孩子，是"被迫上岗"，尝试用自己认知范围内的教育知识，开启自己作为父母的职业之路。

父母的这些教育技能，有些来自书本，有些来自电视，有些来自长辈的经验，从来没有一个系统的课程教他们怎样做好父母这份工作。

当然，尽管全世界都知道父母最难当，但为人父母的从未想过退缩。他们总是想要在自己能力所及的范围内，给自己孩子最好的。尽管有时候方法不对，但父母的初心是好的；尽管有时候得不到孩子的理解，孩子横眉冷对，但父母的爱依旧不停歇。

孩子不仅仅是父母生命的延续，也是让整个世界文明得以续存的火种，更是整个人类未来的希望。

每个人的成长历程都伴随着磕磕绊绊或艰难险阻。人类是一个非常奇妙的物种，成长必不可少的沃土竟然是挫折，每一次的挫折和磨难都将促使我们变得更强。而成长这件事并非只有孩子需要，孩子的诞生便给予了父母再次成长的机会。

很多父母回望自己孩子的成长经历，意识到在孩子成长的经历中，自己也学到了很多，甚至成长了许多。养育孩子的过程，似乎就是让父母真切地再感受一次自己的成长史的过程。孩子像一面镜子，映射出父母在成长过程中的不足和缺憾，并给予父母心灵上的弥补和慰藉。

中国有句古话"养儿才知报母恩"。养育了自己的孩子才懂得父母的辛苦，才会生出对母亲的崇敬和感恩。这难道不是通过养育孩子得到的成长和回馈吗？况且，通过养育自己的孩子，父母能够学到的道理又何止这一个？

去年我在筹备一个亲子课外研学教育的项目时，我的女儿琪琪正准备参加一场市里重要的篮球联赛。

作为中学篮球队的队长，她们队里两个主力球员接连出现了伤病，一个是后脚跟肌腱问题，另一个是膝盖受伤。琪琪需要在自己训练的同时，花额外的时间带领两个后备球员参加训练。而这两名后备球员都是一年级的新生，技术和身体素质都达不到篮球队的总体要求。

这场篮球联赛是琪琪整个初中生涯最重要的一次比赛，她渴望能够拿到全市前三名的成绩，为自己顺利进入理想的高中奠定荣誉基础。而我在筹备的课外研学项目，同样遭遇了团队人员匮乏的难题。那段时间，我忙于对自己项目的建设，对孩子的关心少了许多。

偶然的一次，我和琪琪外出散步，发现她的脚后跟已经磨破，血红的伤口触目惊心。当我问及原因，她说可能是刚换了新的球鞋加上最近训练量成倍上涨造成的。

说这些话的时候,她表情淡定,让我非常吃惊。原本非常怕痛的琪琪,什么时候变得如此坚强?我在心疼之余,不禁有些好奇。

"你不是告诉我,体育项目总是伴随着伤痛吗?这点儿伤也不算什么,换双球鞋就行了。"她轻描淡写地一句话带过。

那晚,琪琪告诉我,打球和学习一样,都需要经历枯燥重复的训练。当遇到难以攻克的难题,就需要换个思路,换个角度再试一次。每一次的尝试和失败,都会为自己划掉一个错误选项,最后总能找到正确的答案。

因此,她打算一方面通过训练让自己变得更强;另一方面,她和教练商量,根据两个后备球员的身体特征,把她们一个放在内线做防守和篮板球的承接,另一个放在外线为队友挡拆和喂球。

听了她的计划,我激动得半天说不出话来。不知不觉中,我发现孩子长大了。通过体育竞技活动,一方面她学会了把解决困难的方式延伸到学习和人生中的更多领域;另一方面,她学会了从不同的角度去尝试思考和解决困难,还学会了和教练进行沟通、协调。

这件事对我的震撼很大,在很大程度上启发了我。我在项目的建设上遭遇了类似的困难,为什么孩子都没有放弃,还在逆境中积极寻求破局的办法,我却萌生了逃避和放弃的想法?

那天晚上,我们在小区的林荫道上聊了很久,相互鼓励,相互加油打气。在那一刻,我甚至在孩子的身上找到了良师益友的感觉。不得不说,那真是一个美好的时刻,我在孩子的帮助下完成了蜕变和成长。

我相信很多父母在和孩子的相处过程中,会有这样的时刻。体会到那种孩子突然成长的巨大喜悦,从孩子身上学到更多宝贵的经验,看到孩子如金子一样美好的品质。

这种时刻,我称为"值得时刻"。在这样的一瞬间,你会感到一种巨大的欣慰和满足,会觉得在孩子身上付出的一切辛劳和努力都没有白费,一切都很值得!

因此,父母可以把养育孩子的过程,看作和孩子一起成长的过程。这个过程需要父母根据孩子的成长阶段不断调整和更新教育方式,每一个阶段的孩子都需要不同的教育方式。有时需要温情体贴,有时需要善解人意,有时需要树立权威,有时需要以身作则。

陪伴孩子成长的过程,像极了一场长跑。在人生这条漫长的跑道上,父母像一个负责任的教练,陪着孩子从起跑线出发。一开始需要在孩子的身边纠正他的动作,避免他受伤;随后告诉他长跑的技术要领,中途需要给他提供水和能量,直到他终于动作标准,能够顺利地在跑道上奔驰;最后,在冲刺终点的时候,精疲力竭的父母还需要用最后一丝力量,在背后推他一把,让他越过终点线,成为一个合格的、成功的长跑运动员。

尽管父母大部分的时候需要承担家庭的重任和树立权威形象,但为了孩子的成长,有时候也需要学会进退自如,且进且退。

父母有时也需要放下身段,勇于承认自己的不完美。我们在孩子面前没有必要扮演一个超人,也没有必要维持一个绝对的权威形象,有时候适当的示弱会让孩子爆发出强烈的保护欲和责任感。

我的一个朋友是做房地产生意的,家境优渥,对家里的独子非常溺爱,导致孩子从小就像个纨绔子弟,在学校经常惹是生非。

孩子读初中二年级的时候,朋友遭遇了房产界最怕的资金链断裂,不仅公司破产,还欠了许多外债。

那段时间无疑是他人生最黑暗的时刻,他只能怀着忐忑不安的心情,告诉儿子实情:"我们需要把现在住的别墅卖掉,暂时搬进市郊的小房子里进行过渡。"

按照他对儿子的了解，一向爱慕虚荣的儿子听到这个消息一定会暴跳如雷，甚至会在家大闹一番。

让他没想到的是，儿子竟然告诉他："爸，这家里的一切都是你挣钱买的，你想怎么处理我都没有意见。只要我们一家人在一起，住哪里都是家！"

后来朋友告诉我，他一个40多岁的大男人，经历了那么多大风大浪，但听到儿子这句话时，却没有崩住，当着孩子的面哭得一塌糊涂。

没过多久，这个孩子就卖掉了自己值钱的球鞋和整面墙的昂贵手办，从一个鲜衣怒马的公子哥变成了一个普普通通的初中生。甚至为了节省开支，从一个住校生变成了走读生，每天坐40分钟公交车回到妈妈开的餐馆里帮忙端盘子。

朋友至今无法理解儿子是怎么做到的，面对连成年人都无法接受的经济重创，他的儿子竟然是最先接受并开始改变的人。

我告诉他，原因很简单：你在平时的生活工作中，是一个家庭顶梁柱的形象，孩子在内心是认可并崇拜你的，在潜意识里也渴望成为你这样的人。但因为你一直屹立不倒，孩子没有机会展现自己。重大的危机忽然出现，你这个顶梁柱即将倒下时，孩子爆发出了强烈的责任感，自然而然地挺身而出，希望自己能够为家里承担更多的责任和压力。

朋友听完以后，露出了疲惫而开心的笑容，说："失之东隅，收之桑榆。我虽然生意失败了，但看到儿子这么争气，感觉也没那么糟糕了。"

所以，父母虽然是天下最难的职业，但也是收获最多的职业。我们在陪伴孩子一路成长的过程中，时常能够感受到生命的饱满和坚韧。我们一路陪伴孩子慢慢长大，看着孩子从牙牙学语到蹒跚学步，从翩翩少年到长大成人，最后看着孩子远去的背影。届时，所有的辛苦和努力、所有的泪水与欢笑都会化作父母最珍贵、最美好的回忆，永恒地留存心间。

因为孩子，人间值得。